Suraj Kumar Singh
Shruti Kanga
Varun Narayan Mishra

Geoinformatyka na rzecz zrównoważonej gospodarki odpadami stałymi

Suraj Kumar Singh
Shruti Kanga
Varun Narayan Mishra

Geoinformatyka na rzecz zrównoważonej gospodarki odpadami stałymi

Zarządzanie odpadami stałymi: A Podejście geoprzestrzenne

Wydawnictwo Bezkresy Wiedzy

Cover image: www.ingimage.com

Publisher:
Wydawnictwo Bezkresy Wiedzy
is a trademark of
International Book Market Service Ltd., member of OmniScriptum Publishing Group
17 Meldrum Street, Beau Bassin 71504, Mauritius
Printed at: see last page
ISBN: 978-620-2-44695-2

Geoinformatyka na rzecz zrównoważonej gospodarki odpadami stałymi

POTWIERDZENIE

Przede wszystkim chciałbym złożyć wyrazy szacunku wszechmogącemu bogu za to, że podczas przygotowywania tej książki utrzymywał mnie w dobrym zdrowiu i zmysłach.

Słowa nie mogą wyrazić mojego zadłużenia wobec Hon'ble Sunil Sharma, przewodniczącego Uniwersytetu Suresh Gyan Vihar w Jaipurze za ich cenne sugestie i inspiracje podczas przygotowywania tej książki. Nigdy nie byłbym w stanie zapomnieć jego czułego zachowania wobec mnie. Chciałbym wyrazić moją serdeczną i wdzięczną wdzięczność dla mojego Hon'ble Dr Sudhanshu, Głównego Mentora Uniwersytetu Suresh Gyan Vihar, Jaipur za jego wskazówki, eksperckie sugestie i ciągłą zachętę. Inspiracja przez Niego poprowadziła mnie do przedstawienia tego, co najlepsze we wszystkich okolicznościach i chciałbym, aby oświeciła mnie również w przyszłości.

Chciałbym wyrazić moje szczere uznanie dla wszystkich moich przyjaciół i współpracowników głównie za ich ciągłe wsparcie i cenne rady udzielane na wszystkich etapach tego osiągnięcia. Wreszcie, co nie mniej ważne, wyrażam wdzięczność moim ukochanym rodzicom i członkom rodziny za ich nieustanne błogosławieństwa i wsparcie.

SPIS TREŚCI

ROZDZIAŁ 1

WPROWADZENIE

1.1.Ogólne

Tonk locale znajduje się w północno-wschodniej części stanu między ^{750} 07' do 760 19' długości geograficznej wschodniej i ^{250} 41' do ^{260} 34' szerokości geograficznej północnej i jest przesłuchiwany w Survey of India arkuszy stopni 45 N, 45 O, 54 B i 54 C. Wszystkie obecnie topograficznego terytorium Locale jest 7194 km2 . Region obejmuje 7 pododdziałów, tj. Tonk, Niwai, Deoli, Uniara, Malpura, Toda Raisingh i Piplu. Ma siedem tehsils viz. Tonk, Niwai, Deoli, Uniara, Malpura, Toda Raisingh i Piplu. Istnieje sześć Panchayat Samities viz Tonk, Niwai, Deoli, Uniara, Malpura i Toda Raisingh. Liczba wszystkich miast w okolicy wynosi 1116 (2011 r.).

Ludność prowincji i miast regionu wynosi osobno 1103603 i 317723. Dziesięciolecia rozwoju ludności w regionie jest 17,3% od 2001Tonk locale znajduje się w północno-wschodniej części stanu między 750 07' do 760 19' długości geograficznej wschodniej i 250 41' do 260 34' szerokości geograficznej północnej i jest przesłuchiwany w badaniu Indie arkuszy stopni 45 N, 45 O, 54 B i 54 C. Wszystkie obecnie topograficznego terytorium Locale jest 7194 km2 . Region obejmuje 7 pododdziałów, tj. Tonk, Niwai, Deoli, Uniara, Malpura, Toda Raisingh i Piplu. Ma siedem tehsils viz. Tonk, Niwai, Deoli, Uniara, Malpura, Toda Raisingh i Piplu. Istnieje sześć Panchayat Samities viz Tonk, Niwai, Deoli, Uniara, Malpura i Toda Raisingh.

Liczba wszystkich miast w okolicy wynosi 1116 (2011 r.). Ludność prowincji i miast regionu wynosi osobno 1103603 i 317723. Dziesięcioletni rozwój ludności w regionie wynosi 17,3% od 2001 r. Wytwarzanie odpadów stałych kumuluje się szybko ze względu na szybką urbanizację, industrializację i ewolucję populacji. Postępowanie z odpadami stałymi jest jednym z głównych problemów, z którymi borykają się miasta na całym świecie. Odpady stałe to podstawowy problematyczny materiał rozwijającego się stanu miejskiego w Indiach, podobnie jak w kraju tworzącym. W tej szczególnej sytuacji kompresje i potrzeby przywódców zarządzających zagospodarowaniem terenu przez rząd i postępem ludzkim zwiększyły się, ponieważ w dzisiejszych czasach muszą oni zadowolić się wyborami, które biorą pod uwagę bezpieczeństwo ekologiczne i racjonalność finansową.

Przyjmuje się, że odpady nachylone przez okręg w okręgu Tonk (Indie) są nielicznymi odpadami pochodzącymi z wysypisk śmieci, w przypadku których nie istnieją oczywiście celowe normy dotyczące znalezienia rozsądnych miejsc przekazania. Wysoki wskaźnik wzrostu liczby ludności i rosnące płace na głowę mieszkańca doprowadziły do powstania ogromnych miejskich odpadów stałych, stanowiących realne zagrożenie dla jakości środowiska i dobrobytu ludzi, nawet Indie nie są nieskazitelne z powodu tego zagrożenia.

Silny transfer odpadów jest jedną z najbardziej kłopotliwych kwestii strategicznych, z jakimi boryka się społeczeństwo. W ostatnich latach zwiększyła się nie tylko ilość silnych odpadów, ale także odwodnione zostały dostępne miejsca docelowe spełniające rygorystyczne warunki naturalne. Składowanie odpadów okazało się być stopniowo trudne do realizacji ze względu na rosnące koszty, opór sieci i problem środowiskowy (Monit A., 2012) coraz bardziej wygórowane wytyczne dotyczące lokalizacji i działalności składowisk (Gholamalifard i in. 2006., Chandra Pandey i in. 2012) Rozbudowa obszarów miejskich wychodzi na powierzchnię problemu przypadkowych składowisk odpadów z powodu braku gruntów do przekazywania odpadów. Grunty są ograniczonym i rzadkim dobrem, które powinno być ostrożnie wykorzystywane ze względu na rosnącą wagę z rozwoju potrzeb ludności do celów mieszkaniowych i biznesowych. Większa część składowisk odpadów w powiecie jest zorganizowana w sposób przypadkowy, co ma destrukcyjne skutki dla przyrody, ludzi i zwierząt płazów.

Ostatecznym celem silnych odpadów jest składowisko odpadów, które powinno znajdować się w odpowiednim miejscu, które jest opłacalne, w miejscu, które można transportować i które powinno być dobrze ekologicznie utylizowane. Teledetekcja i system informacji geograficznej (GIS) okazały się przydatne przy przydzielaniu sensownego miejsca na silne odpady. Podstawowe parametry wpływające na ilość i organizację wytwarzanych komunalnych odpadów stałych są opracowane i rozszerzone oczekiwania dotyczące codziennego komfortu ogółu ludności (Daskalopoulos i in. 1998. Chandra Pandey i in. 2012). Od momentu pojawienia się Gminnych Odpadów Stałych jako bezpośredniego rezultatu ćwiczeń ludzkich, ludność jest uważana za główny znaczący parametr decydujący o pomiarze wytwarzanych odpadów.

Wydłużenie się epoki silnych odpadów przypisuje się zmianom w sposobie życia ogółu ludności w ciągu ostatnich 50 lat (McLain 1995. Chandra Pandey i in. 2012). Silne gospodarowanie odpadami komunalnymi stało się następnie dla niektórych krajów godnym uwagi zagadnieniem budzącym niepokój, zwłaszcza w związku ze wzrostem liczby ludności (Bartone 2000). Vector GIS działa w celu wyróżnienia obszarów składowisk odpadów (Basagaoglu i in. 1997., Chandra Pandey i in. 2012), silnych miejsc składowania odpadów na Filipinach (Cruz 1993), oraz miejsc składowania odpadów w Australii (Basnet i in. 2000, 2001). Kallali et al.2007. Chandra Pandey i in. 2012) skupili się na tym, że GIS i dominująca wiedza są prowadzone jako sieć ekspresywnie wspierająca wybór, aby zdecydować o zadowalających potencjalnych miejscach oczyszczania poziomu wodonośnego gleby dla ożywienia wód podziemnych.

Te miejsca docelowe są znakomite przy wykorzystaniu samotnego celu wielo-kryterialnego (Chang et al. 2008). Zakłada się, że wszystkie wyznaczone zasady stanowią ograniczenia dla witryny (Kallali i in. 2007., Ratnapriya i De Silva 2009., Chandra Pandey i in. 2012). Zaawansowanie geoprzestrzenne zostało szeroko wykorzystane do rozmieszczenia obszarów wrażliwości oczyszczalni ścieków (Gemitzi i in. 2007; Finn i in. 2006; Gilliland i Potter 2007; Zhao i in. 2009; Kallali i in. 2007; Huffmeyer i in. 2009., Chandra Pandey i in. 2012), a poza tym w sposób możliwy do wykorzystania w ocenie stopnia wykorzystania gruntów z rozszerzeniem stopnia zaawansowania masowego (Sharma i in. 2011., Ribeiro i in. 2010., Chandra Pandey i in. 2012) starali się znaleźć odpowiednią strefę dla gromadzenia się ciał stałych biologicznych. Przedstawiły one zapis aplikacji ściekowej za pomocą GIS do przekazywania map zasadności użytkowania gruntów, co może być korzystne dla osadów ściekowych.

Badanie witalności jest zablokowane w celu przydzielenia najlepszego sensownego miejsca dla transportu stałych odpadów metropolitalnych w okręgu Bhagalpur z wykorzystaniem czołowych ram geoprzestrzennych. Znalezienie najodpowiedniejszego miejsca pozwoliłoby na upewnienie się, który z czynników będzie brany pod uwagę (Chang et al. 2008. Prem Chandra Pandey et al. 2012).

Gospodarka odpadami stałymi to główny problematyczny scenariusz w indyjskich miastach, dzielnica Tonk jest jednym z nich. Świadomość ludzi jest bardzo słaba w dzielnicy, nie tylko to, ale i obiekt na śmieci nie jest właściwie w każdym chudym oddziale. Okręg Tonk jest położony w regionie półsuchym, a dalej mieszkańcy tego okręgu zostali w nienaukowy sposób wyrzuceni do różnych płynów i stałych odpadów. Bardzo ważne jest, aby określić konkretny obszar składowania odpadów stałych, w którym na określonym obszarze znajdują się hałdy odpadów. Mniejsza powierzchnia powiatu Tonk spowodowała problemy związane z zanieczyszczeniem i zdrowiem oraz niezdrowym środowiskiem w regionie miejskim.

W krajach rozwijających się cały świat nie cierpi z powodu usuwania odpadów stałych, ale kraje rozwijające się i kraje słabiej rozwinięte cierpią z powodu problemu usuwania odpadów stałych. Niekontrolowany wzrost liczby ludności miejskiej w krajach rozwijających się w ostatnim roku sprawił, że unieszkodliwianie odpadów stałych jest ważnym zagadnieniem nie tylko dla środowiska, ale również dla morfologii dzielnicy Tonk, która również jest dotknięta tego typu problemem. Bardzo wiarygodne jest wykorzystanie techniki geoprzestrzennej do określenia odpowiedniego obszaru, który jest zorganizowany dla gospodarki odpadami stałymi i materiałami odpadowymi z okręgu Tonk.

1.2. Odpady stałe

Odpady stałe to wszelkiego rodzaju odpady mocne i pół mocne, które powstają w przedsiębiorstwach i dzielnicach, w większości przypadków nie zawierają one jednak nowoczesnych odpadów niebezpiecznych, w tym przetworzonych odpadów bioregeneracyjnych. Odpady stałe obejmują wszystkie odpady powstające w wyniku ćwiczeń ludzkich, na przykład martwe istoty, marnotrawstwo na bulwarach, odpady instytucjonalne i jednostki biznesowe. W każdym razie, termin ten jest powszechnie związany z zapalaniem odpadów mieszkalnych (marnotrawstwo powstające w wyniku ćwiczeń rodzinnych, takich jak gotowanie, sprzątanie, naprawianie, rearanżacja, uchwyty na plastik i szkło, wiązanie, odzież, papiery itp.), instytucjonalnych (marnotrawstwo powstające w miejscach pracy, domach towarowych, mieszkaniach i jadłodajniach, korytarzach małżeńskich, na targowiskach i w różnych jednostkach reklamowych).

1.3. Gospodarka odpadami stałymi

Szlifierka" w prawdziwym sensie niepożądany lub niepożądany materiał lub może być dowolną substancją, która w obecnym otoczeniu jest bezcelowa. Uwarunkowane czasem i frazowaniem lub rodzajem materiału, inaczej nazywane są odpadkami, śmieciami, odpadkami lub śmieciami w zależności od wygody. W odniesieniu do żywych form życia odnosi się do niepożądanych substancji lub szkodliwych materiałów, które mają zostać wyparte z ich ciała. Szlifierka kadry kierowniczej to ludzka kontrola związana z gromadzeniem, przetwarzaniem i przekazywaniem zmiennych rodzajów odpadów. Kończy się to zmniejszeniem negatywnych skutków, które są możliwe do wyobrażenia dla pobliskiego lub globalnego środowiska i społeczeństwa. Squander ma bezpośredni związek z awansem ludzkim, jeśli chodzi o innowacyjność i punkty widzenia społecznego. Zasadnicza organizacja różnego rodzaju marnotrawników po pewnym czasie również ulega ogromnym wahaniom, obszar z postępem mechanicznym i rozwojem, który ma bezpośredni wpływ na materiały marnotrawne, np. materiały atomowe i tworzywa sztuczne. W niektórych przypadkach marnotrawstwo materiałów ma charakter finansowy i materiały te są narażone na ponowne użycie lub ponowne wykorzystanie po właściwym odzyskaniu.

1.4. Znaczenie prawidłowej gospodarki odpadami stałymi

Kwestia gospodarowania odpadami coraz bardziej kręci się w umysłach grzęznących krok po kroku. W ciągu ostatnich kilku dekad nastąpił ogromny wzrost wieku odpadów stałych (odpadów silnych dzielnicowych) ze względu na szybki rozwój ludności i postęp finansowy w kraju. Istnieją pewne zastrzeżenia co do silnego systemu zarządzania odpadami w Indiach z powodu braku otwartego zainteresowania, nieaktualnych zaliczek, niedoboru siły roboczej, drętwienia tego obszaru przez ekspertów cywilnych i braku rezerw. Aby zwiększyć skuteczność silnej administracji odpadami, należy usprawnić wszystkie użyteczne elementy.

Podobnie jak w przypadku dzielnicy Tonk, istnieje potrzeba usprawnienia prób dotyczących odpadów stałych w tej dzielnicy, aby poprawić modele warunków sanitarnych i stanu urbanistycznego, dotrzymując kroku szybkiej urbanizacji i rozwojowi populacji. Niekorzystne skutki dla stanu rzeczy z powodu nielogicznego przenoszenia odpadów są następujące:

- Wpływające na jakość gleby i wód gruntowych
- Zanieczyszczenie powietrza z powodu strasznego zapachu
- Generowanie gazów cieplarnianych
- Szkodliwe uderzenia gryzoni, much, komarów, zarazków i różnych przerażających raków.
- Kwestie zdrowotne dla zbieraczy tkanin.
- Zwiększające się szanse na rozprzestrzenianie się chorób.

1.5. Rodzaje odpadów

Gdy znaczenie odpadów jest jasne, liczne wytyczne, takie jak ustawa o ochronie środowiska z 1986 r., rozporządzenie o odpadach kontrolowanych z 1992 r. oraz rozporządzenie o zezwoleniach na gospodarowanie odpadami z 1994 r., szukają dalszej charakterystyki rodzaju odpadów w świetle faktu, że są one zgodnie z prawem wyjaśniane przez procedury lub pomieszczenia, z których są one wytwarzane:

Kontrolowane odpady składają się z jednostki rodzinnej, mechanicznej i biznesowej, są one dodatkowo scharakteryzowane i wystawione na działanie wytycznych wynikających z pomysłu na odpady i muszą być traktowane w różny sposób.

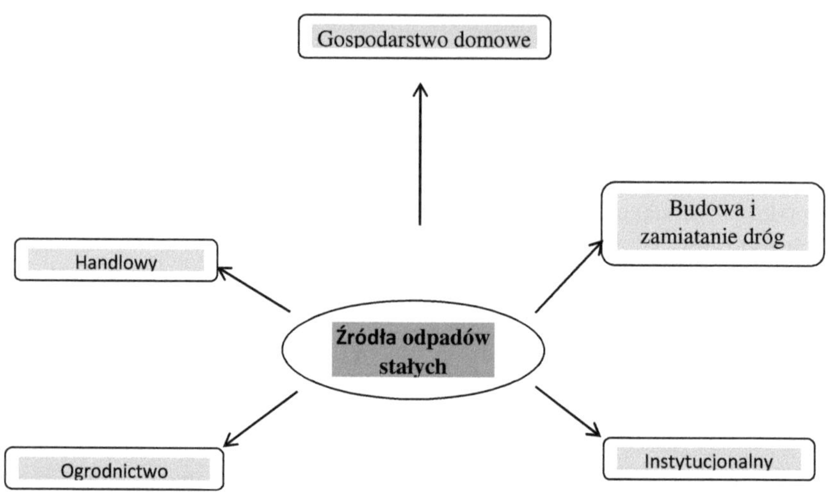

Rysunek 1.1: Rodzaje odpadów

1.5.1. Odpady z gospodarstw domowych

Marnotrawstwo jednostek rodzinnych jest tym, co powstaje w domach różnego rodzaju, takich jak domy, pociągi, łodzie mieszkalne, pola namiotowe, ośrodki detencyjne i odpady ze szkół, uniwersytetów i uczelni.

1.5.2. Odpady handlowe

Marnotrawstwo biznesowe okazuje się być całkowicie lub zasadniczo usprawiedliwione wymianą, biznesem, grą, rozrywką lub dywersją, ale nie z jednostki rodzinnej i odpadów mechanicznych.

1.5.3. Odpady przemysłowe

Nowoczesne odpady są tym, co powstaje w zakładzie produkcyjnym lub w procesie mechanicznym, ale nie zawierają odpadów górniczych, kopalnianych lub rolnych.

1.5.4. Odpady rolnicze

Drobinki z ogrodnictwa (odpady nieregularne) oraz z kopalń i kamieniołomów z opóźnieniem weszły w skład kontrolowanych odpadów.

1.5.5. Miejskie odpady stałe

Cywilne odpady trwałe (MSW) są inaczej nazywane miejskimi odpadami trwałymi, które obejmują zasadniczo rodzinne (lokalne) marnotrawstwo, z czasem rozszerzające się marnotrawstwo gospodarcze gromadzone przez grupy metropolitalne określonego regionu. Są one albo wytrzymałe, albo o strukturze pół wytrzymałej i nie zawierają niebezpiecznych odpadów mechanicznych. W tym przypadku termin "pozostałe odpady" oznacza zmarnotrawienie odpadów pozostawionych z rodzinnych źródeł jednostkowych posiadających materiały obejmujące lub wysłane do ponownego przetworzenia.

1.6. Wpływ na środowisko naturalne

Widzimy, że obecnie obserwujemy rosnącą otwartą i ustawodawczą świadomość, której społeczeństwo potrzebuje, aby stopniowo poprawiać swoje warunki. Jednym z prawdziwych celów takiego społeczeństwa jest unikanie tworzenia odpadów, ich przymusowe ponowne wykorzystywanie, a także kontrola zanieczyszczeń przez administrację. Dodatkowo musimy odkryć ekologiczne, serdeczne komponenty do chronionego leczenia tych zrzutów. Upośledzenie ekologiczne spowodowane zanieczyszczeniem ma wpływ na dobrobyt człowieka poprzez zmniejszenie bezpieczeństwa żywnościowego, utratę zasobów wody pitnej i utratę szans finansowych.

Zanieczyszczenie łupiny jest znane jako jedno z uciążliwych zagrożeń przez wielu i charakteryzuje się tym, że każde zanieczyszczenie martwi się o odpady i próby gospodarowania odpadami. Typowe elementy składowe rodzinnych marnotrawstwa jednostkowego mają prawdziwe naturalne efekty, które zawierają, jak wykazano wcześniej. Odpady ulegające biodegradacji mają jednoznaczne znaczenie, ponieważ rozpadają się na składowisku i prowadzą do rozkładu metanu. Gaz ten jest substancją intensywnie uszkadzającą warstwę ozonową i jeśli nie zostanie powstrzymany przed przedostaniem się do środowiska, może spowodować zmiany w środowisku. Ściółka jest zbyt silnym typem silnych zanieczyszczeń odpadami. Demonstracja ściółki w znacznej części zaniepokoiła się nieodpowiednim pozbywaniem się odpadów w większości na otwartych terenach. Oby śmieci nie były celowe, ale niewątpliwie są naturalnym błędem w większości rządowych rozważań, co więcej, domagaj się reform. Śmieci lub odpadki morskie są ludzkimi śmieciami celowo wyrzucanymi lub przypadkowo okazały się być nad wodą w jeziorze/morzu, oceanie lub strumieniu. Różne rodzaje zanieczyszczeń związanych z materiałami odpadowymi obejmują niezgodne z prawem wysypywanie i odwadnianie. Nielegalne składowanie odpadów lub wyrzucanie ich na śmietnik zazwyczaj wiąże się z nieuregulowanym przekazywaniem materiałów na terenie prywatnym lub otwartym, lub z ćwiczeniami prowadzonymi na terenie prywatnym, ale stanowi powód do obaw całej ludności. Oddalone miejsca, do których docierają ulice, w połączeniu z ograniczonymi obserwacjami, mogą pozwolić winnemu na tego rodzaju dumping, który może pozostać bezkarny, jeśli nie zostanie poddany piłowaniu lub szczegółowym badaniom. Filtracja jest procedurą, która zasysa z odpadów stałych antresoli lub szkieletów wód gruntowych i osłabia ich właściwości.

1.7. Wytwarzanie odpadów stałych

W każdym ośrodku miejskim źródłem silnych odpadów są jednostki rodzinne, przedsiębiorstwa, instytucje, administracja miejska, rolnictwo mechaniczne i martwe istoty. Dla pomyślnego zarządzania silnymi odpadami źródła są kompleksowo scharakteryzowane w następujący sposób, jeśli chodzi o tempo:

- Strefa mieszkaniowa - 60%
- Strefa przemysłowa - 30%
- Strefa mieszana - 10%

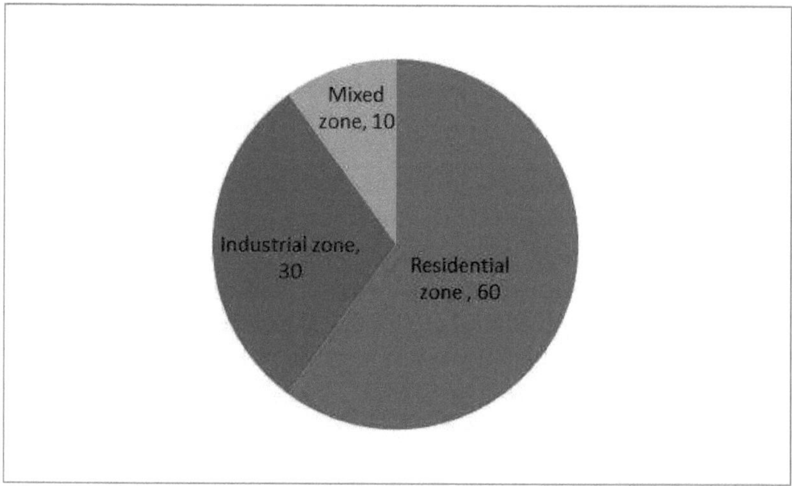

Rysunek 1.2: Wytwarzanie odpadów stałych

1.8. Zbiórka

Silne odpady lub śmieci powstają z prywatnych i biznesowych budynków. Typowe ćwiczenia doświadczane w dzielnicach do zbierania silnych odpadów różnią się w zależności od miejsca i miasta. Również akumulacja drzwi, które mają wejść do miasta, stała się głównym nurtem w ogromnej liczbie obszarów miejskich dzięki organizacjom pozarządowym i różnym organom, które zwróciły się o utrzymanie czystości w mieście. W wielu większych społecznościach miejskich kilka prywatnych zamówień społecznych pozyskuje prywatnych pracowników kontraktowych do zbierania silnych odpadów. Produktywni pobliscy specjaliści z konkretnych społeczności miejskich mają również odpowiednie przygotowanie do zbierania odpadów z osiedli, cienkich ścieżek prywatnych i biznesowych oraz stref o dużym natężeniu ruchu w godzinach pracy. Co więcej, getta w niektórych metrach/wielkich aglomeracjach miejskich również zajmują się wytwarzaniem warunków sanitarnych. Ich głównym problemem jest brak aktywów, więc cieszą się otwartą kupą, co więcej, wyrzucają śmieci w niekontrolowany sposób. W ten sposób przekazywanie odpadów i śmieci z takich osad wymaga odpowiedniego rozważenia. Dodatkowo odpady mleczne w wielu dzielnicach powodują nasilenie problemu. Kompost krowiny i związane z nim odpady, jeśli nie są wystarczająco nadzorowane, powodują innego rodzaju problemy. Kupcy sprzedający artykuły spożywcze, warzywa, owoce, itp. Tak samo, jak skupiska warzyw rabatowych 18 (subzimandis) są dodatkowo źródłem azylu i silnych odpadów i zaniedbania wyrzucanie ich odpadów musi być konsekwentnie kontrolowane.

1.9. Transfer i transport

Procedura transportu odpadów silnych do miejsca ostatniego przekazania jest kolejnym etapem zarządu odpadów silnych. Ze względu na następujące ograniczenia brak dostępu do odpowiednich pojazdów transportowych, wizyta awarii pojazdów z powodu złego utrzymania i nieobsługi i beztroski personelu, itp. jak to było 60-70% odpadów jest zbierane i transportowane odpowiednio. Śmieci są transportowane jako otwarte/nieosłonięte (bez rozsypywania) do miejsca przeładunku, co wielokrotnie jest źródłem otwartej uciążliwości. Składowanie silnych odpadów do transportu jest zazwyczaj niezmotoryzowane, co otwiera robotników na marnotrawstwo, gdy składowanie odbywa się fizycznie w ciągnikach, przyczepach lub z drugiej strony w trójkołowcach lub ciężarówkach. Obecnie w niektórych wywrotkach i ładowarkach czołowych nadwozi miejskich wykorzystywane są dni jednodniowe. Pomimo faktu, że kontenery nie są zbytnio skonstruowane, co jest właściwe dla takich ram. Transport silnych odpadów odbywa się rutynowo przez cały rok. Ważna jest synchronizacja pojazdów i innych związanych z nimi rodzajów przekładni z niezbędnymi, tak samo jak opcjonalne siedliska akumulacji dla transportu odpadów. W mniejszych miejscowościach można wykorzystać mniejsze pojazdy, podczas gdy w metrach i większych wspólnotach miejskich do transportu odpadów z pojemników sieci do stacji wymiany potrzebne są większe pojazdy lub o wielkości ruchomej w zależności od regionu. Przenoszenie odpadów silnych - Unieszkodliwianie odpadów silnych w dobrze widocznej działce/terytorium nieruchomości.

1.10. Unieszkodliwianie odpadów stałych

Squanders to materiał, który nie jest wymagany i nie nadaje się do dalszego wykorzystania finansowego. Może być tak silny, płynny i gazowy. Zaczynają się one od ćwiczeń ludzkich, na przykład w ogrodnictwie, przemyśle, ćwiczeniach mieszkaniowych i tak dalej. Jak wskazuje początek, marnotrawstwo nazywane jest lokalnym, mechanicznym, biznesowym, klinicznym, rozwojowym, atomowym i rolniczym. Zgodnie z właściwościami marnotrawstwo nazywa się uśpionym, zabójczym i łatwopalnym. W przypadku, gdy odpady te pozostają nieoczyszczone, powoduje to zanieczyszczenie powietrza, wody, gleby lub silnych odpadów. Następnie silne zarządzanie odpadami jest wyjątkowo podstawowe (Singh JS, et al 2015, Subbarao S., Mishra DD. et al,). Silni marnotrawcy są klasyfikowani jako odpady wielkomiejskie, nowoczesne marnotrawcy i niebezpieczni marnotrawcy. Odpady cywilne powstają w wyniku ćwiczeń domowych ludzi. Współczesne odpady powstają w wyniku ćwiczeń mechanicznych, a niebezpieczne marnotrawstwa to substancje, które stanowią zagrożenie dla roślin, stworzeń i ludzi. Być może kilka podstawowych odpadów niebezpiecznych to substancje radioaktywne, związki syntetyczne, naturalne śmieci; ponadto śmieci palne, materiały wybuchowe (Gupta D, i in. oraz Misra SG, i in.).

Jest to ostatni praktyczny element silnych ram zarządzania odpadami. Transfer odpadów staje się kłopotliwy z powodu szybkiej urbanizacji i industrializacji obszarów miejskich. Większa część metropolitalnych specjalistów zajmuje się nieformalnym porządkowaniem odpadów na otwartym wysypisku na obrzeżach miasta. Tworzy okropny smród, a ponadto pozwala na rozwój much, gryzoni, co powoduje choroby. Powstający w tych miejscach odciek zanieczyszcza jakość wód gruntowych i stanowi prawdziwe zagrożenie dla ciała stałego. Suma i cechy tworzonych odpadów komunalnych stałych są dwoma centralnymi punktami, które należy uznać za przyczynę budowy sprawnych, praktycznych i dobrze zagospodarowanych składowisk odpadów.

1.11. Potrzeba badania gospodarki odpadami stałymi w okręgu Tonk

Na całym świecie i w sąsiedztwie rośnie problem silnego starzenia się odpadów. Nieodpowiednie przeniesienie odpadów zanieczyszcza każdą z części stanu. Nastąpił krytyczny wzrost wieku odpadowego z powodu szybkiego rozwoju populacji i poprawy monetarnej, co doprowadziło do skażenia charakterystycznych aktywów. Charakterystyczne dla człowieka ćwiczenia sprawiają, że różne rodzaje odpadów, a ścieżka, którą te odpady są traktowane, układane i odkładane, stanowią zagrożenie dla siły człowieka, stworzenia i kondycji. Stan okręgu Tonk jest podobny, różne rodzaje silnych śmieci są produkowane z różnych terytoriów okręgu. Pewien poziom tych marnotrawstw jest ryzykowny i nieodparty. Nienaukowe wyrzucanie odpadów powoduje dławienie kanałów, skażenie gleby i wód gruntowych, niepożądane warunki. Kwestia silnej administracji odpadami cywilnymi (SWM) jest również nadrzędna w całym stanie miejskim Tonk i musi ulec znacznej poprawie na znaczną skalę. Z tego właśnie powodu niniejsza analiza prowadzi do wyodrębnienia zagadnień w istniejących ramach SWM, co więcej, do odkrycia odpowiednich odpowiedzi w celu poprawy tych ram.

1.12. Rola RIG w gospodarce odpadami stałymi

Silne gospodarowanie odpadami obejmuje kilka etapów, począwszy od fazy, w której odpady są produkowane do osiągnięcia ostatniego celu lub w fazie, w której nie stanowią już zagrożenia dla ziemi. "Widać, że silna administracja odpadami może być podzielona przede wszystkim na dwa etapy. Jednym z nich jest gospodarowanie odpadami na terytorium, na którym są one wytwarzane, a drugim gospodarowanie odpadami na wysypiskach". (Moiz Ahmed Shaikh, 2006). Usprawnienie Systemu Informacji Geograficznej (GIS) i jego wykorzystanie na całym świecie przyczyniło się w dużym stopniu do poprawy ram zarządzania odpadami. System GIS kontroluje informacje w komputerze PC w celu ponownego wprowadzania wyborów i podejmowania najlepszych decyzji. GIS może zwiększyć wartość aplikacji do zarządzania odpadami, dając korzyści w postaci pomocy w wyborze i badaniu w wielu przedsięwzięciach, na przykład przy organizowaniu kursów na akumulację odpadów, wyborze lokalizacji dla stacji wymiany, składowisk odpadów lub skupisk zbierania odpadów. GIS daje możliwość adaptacji, która obejmuje mapy i badania oraz bazy danych administracji odpadami.

1.13. Cele

- Analiza istniejącego układu zarządzania odpadami stałymi w okręgu Tonk poprzez rozważenie wszystkich użytecznych elementów gromadzenia i wydajności, transportu, przygotowania i ostatniego przekazania silnego nadużycia okręgu Tonk.

- Identyfikacja zastrzeżeń w niniejszych ramach oraz zalecenie dotyczące każdego postępu w celu poprawy niniejszych ram.

- Analiza istniejącego składowiska odpadów z wykorzystaniem techniki SSI. Plan zarządzania odpadami stałymi jest tworzony przez długi czas, więc wszystkie składniki utylizacyjne są badane w celu zapewnienia żywności potrzebnej w przyszłości.

- Skomputeryzowana baza danych przestrzennych zawierająca przewodnik bazowy, informacje o gruncie, nachyleniu, projektowaniu przesączania, użytkowaniu/rozprzestrzenianiu się gruntu, geografii, geomorfologii, penetracji wód gruntowych, dziale wodnym i transporcie układa mapę przy pomocy informacji satelitarnej LANDSAT i Studium top arkuszy Indii wraz z ograniczoną prawdą o gruncie, badanie oprogramowania ArcGIS.

ROZDZIAŁ 2

2. PRZEGLĄD LITERATURY

2.1 Ogólne

W naszym kraju w związku z szybkim wzrostem liczby ludności nastąpił znaczny wzrost ilości wytwarzanych odpadów stałych, które spowodowały zanieczyszczenie powietrza, wody i zasobów ziemi. Ćwiczenia ludzkie powodują marnotrawstwo i jest to sposób, w jaki te marnotrawstwa są pielęgnowane, odkładane, gromadzone i porządkowane; ta postawa stanowi zagrożenie dla pobliskiego stanu i wreszcie dla ogólnego samopoczucia. Silne odpady miejskie powstają z różnych obszarów cywilnych. Niektóre materiały odpadowe okazują się być bardzo śmiercionośne i możliwe, że są zaraźliwe. Niekontrolowane i nielogiczne składowanie odpadów komunalnych prowadzi do licznych wybuchów epidemii szkodników i ryzykownych sytuacji dla ludzkiego samopoczucia, do których dochodzi z powodu skażenia wód powierzchniowych i gruntowych. Wiele zakładów pracuje na rzecz silnego zarządzania odpadami w Indiach: Narodowy Instytut Spraw Miejskich (1989), Instytut Ochrony Środowiska, Przygotowania i Badań Naukowych (1995), TERI (1998) i Centralny Zarząd Kontroli Zanieczyszczeń (2000).

Ćwiczenia człowieka produkuje marnotrawstwo i drogi w tym marnotrawstwo jest zadbane, odłożone, zebrane, a wyrzucone mogą stanowić problem dla ziemi i ogólnego dobrobytu. Waste Strong Waste the board (SWM) incorporates all exercises that decrease wellbeing, natural, and tasteful effects of strong waste . In the urban regions of the majority of the creating urban areas strong waste administration has turned into an intense issue. Eksperci cywilni rozumieją znaczenie silnego marnotrawstwa zarządu, jednak ze względu na szybki rozwój ludności źródła okazały się rzadkie.

Jak wynika z przeglądu przeprowadzonego przez Program Narodów Zjednoczonych ds. Rozwoju (UN Development Program) na 151 kierowników urzędów miast, najważniejszą kwestią po utracie pracy, z którą borykają się poszczególne osoby, jest nierozważne, silne zmarnowanie tablicy. Zaledwie 40% wszystkich odpadów jest zbieranych, reszta z 60% jest składowana legalnie w alejach i kanałach, co powoduje dławienie kanałów, rozwój much i gryzoni, zalewanie i rozprzestrzenianie się chorób. Zebrane odpady są zgodnie z prawem przekazywane na nieformalne, otwarte składowisko odpadów. Powstały z tych miejsc odciek zanieczyszcza jakość wód gruntowych. Gazy cieplarniane w przeważającej części wydalane są dodatkowo metan i dwutlenek węgla, które powodują niebezpieczne oddanie atmosferyczne.

2.2. GIS dla wyboru składowiska odpadów

Zdalne wykrywanie i GIS zakłada znaczącą rolę w wyznaczaniu lokalizacji, ponieważ zdecydowana większość zawartych danych zawiera część przestrzenną, łączenie danych z różnych wymiarów lokalizacji (miasto, obszar strefy i poziom oddziału sanitarnego), wymaga aklimatyzacji obszernych danych do badań, niedostępności uporządkowanych map innych informacji, potrzeby odpowiednio odświeżonych informacji oraz wyczerpujących lub trwałych ram do radzenia sobie z ogromną ilością informacji. System GIS jest idealny do podstawowego określania miejsca transferu odpadów, ponieważ ręczna technika oznaczania jest monotonna.

Pojemność nakładki daje jej szczególną siłę w pomaganiu nam w osiedlaniu się na wybór rozpoznawalnych dowodów na lokalizacje przekazywania odpadów. Kiedy tworzona jest baza danych GIS, daje ona produktywne i finansowo efektywne metody sekcjonowania najlepszych transferów silnych odpadów. Ponadto, dzięki koordynacji, można skutecznie zadbać o związek danych zidentyfikowanych ze zmiennymi uwzględnianymi przy określaniu lokalizacji, który jest wyjątkowo nieprzewidywalny, z systemem informacji geograficznej. W zakresie gromadzenia informacji GIS pomaga w organizowaniu i radzeniu sobie z naturalnymi zagrożeniami i niebezpieczeństwami. GIS stanowi podstawę ćwiczeń w ocenie naturalnej, obserwacji i łagodzeniu skutków, a także może być wykorzystywany do tworzenia modeli naturalnych.

2.3. Studia przypadków

2.3.1. Wytwarzanie i składanie odpadów

Jak wskazuje CPCB, bezwzględna ilość odpadów wytworzonych w kraju nie jest uwzględniana. Tak czy inaczej, Służba Rozwoju Miast w swoim podręczniku o silnej gospodarce odpadami (2000 r.) oceniła wiek utylizacji na 100 000 MTPD. CPCB z pomocą NEERI przeprowadził przegląd silnego zarządzania odpadami w 24 stolicach państw: 2004-05. Podpunkty przeglądu to Z, o których mowa w tabeli 2.1.

Tabela 2.1: Usługi w zakresie rozwoju obszarów miejskich (źródło CGWB)

Name of city	population (as per 2001 census)	Area (sq.km)	Waste Quantity (TPD)	Waste Generation Rate (kg/c/day)
Chennai	43,43,645	174	3036	0.62
Delhi	1,03,06,452	1483	5922	0.57
Itanagar	35,022	22	12	0.34
Jaipur	23,22,575	518	904	0.39
Hyderabad	38,43,585	169	2187	0.57
Bangalore	43,01,326	226	1669	0.39
Mumbai	1,19,78,450	437	5320	0.45
Kolkata	45,72,876	187	2653	0.58
Shillong	1,32,867	10	45	0.34
Simla	1,42,555	20	39	0.27
Agartala	1,89,998	63	77	0.4
Gandhinagar	1,95,985	57	44	0.22
Imphal	2,21,492	34	43	0.19
Aizwal	2,28,280	117	57	0.25
Dehradun	4,26,674	67	131	0.31
Raipur	6,05,747	56	184	0.3
Bhubaneswar	6,48,032	135	234	0.36
Tiruvanantapuram	7,44,983	142	171	0.23
Chandigarh	8,08,515	114	326	0.4
Ranchi	8,47,093	224	208	0.25
Srinagar	8,98,440	341	428	0.48
Patna	13,66,444	107	511	0.37
Bhopal	14,37,354	268	574	0.4
Lucknow	21,85,927	310	475	0.22

2.4. Podejmowanie decyzji na podstawie wielu kryteriów

Z całego dialogu w powyższym segmencie wynika, że organizowanie zarządzania odpadami stałymi w ramach zarządu jest w zasadzie wyjątkowo kłopotliwym przedsięwzięciem, ponieważ w międzyczasie ważne jest rozważenie sprzecznych celów; poza tym, takie kwestie są w dużej mierze obezwładnione przez możliwości finansowe i przydatność ekologiczną. Z tych powodów kilku twórców (Chang i Wang, 1997a, b; Hokkanen i Salminem, 1997; Karagiannidis i Moussiopoulus, 1997) przedstawiło i stosuje wielokryterialne metody wyboru.

MCDM było ostatnio badane i związane z różnymi rzeczywistymi problemami. Zasadniczą wytyczną MCDM jest to, że aby wypracować idealną odpowiedź na to zagadnienie, potrzeba kilku regularnie sprzecznych ze sobą kryteriów. Ta wielowymiarowa metodologia skłania do pełniejszego podstawowego przywództwa, w przeciwieństwie do wzmacniania samodzielnej, wymiarowej pracy docelowej (np. dochodzenie w sprawie korzyści wynikających z oszczędzania pieniędzy). Co więcej, podejście oparte na wielu kryteriach upoważnia decydentów do przemyślenia tej kwestii i wyboru kursów z kilku punktów widzenia.

2.5 Klasyfikacja literatury

2.5.1. Gospodarowanie komunalnymi odpadami stałymi (MSWM)

W związku z szybką urbanizacją miasta silne problemy związane z odpadami (MSW) kończą się dodatkowym zagmatwaniem, co sprawia, że administracja zajmująca się odpadami podchodzi stopniowo do ich realizacji w sposób zróżnicowany, złożony i uciążliwy. W ostatnich dekadach, podstawowe przywództwo w MSWM doświadczył intensywnej zmiany z wyboru ram akumulacji (Esmali, 1972; Helms i Clark, 1971) lub decydując się na transport lub wymianę silnych odpadów (Truitt i in., 1969) do praktycznego MSW aranżacji (Hasit i Warner, 1981; Jenkins, 1982; Perlack i Willis, 1987). W miarę zbliżania się wielkoobszarowych statków rybackich, które okazywały się coraz bardziej uwikłane, elementy, które należy uznać za bardziej złożone, rozszerzyły się; od tego czasu powstało kilka modeli wielkoobszarowych statków rybackich, w przypadku których dochodzenia były bardziej dogłębne. Komponenty rozpatrywane w modelach wodorostów zasadniczo miały charakter pieniężny (np. koszt ramowy i korzyść ramowa), ekologiczny (emanacja powietrza, zanieczyszczenie wody) i mechaniczny (rozwój innowacji).

2.5.2. Gospodarka odpadami szpitalnymi (HWM)

W czasie poświęcanym na służbę ludziom powstaje marnotrawstwo, które częściej zawiera śruty, ludzkie tkanki lub części ciała i różne nieodparte materiały (Baveja i in., 2000), dodatkowo określane jako "awaryjne kliniczne odpady stałe" i "Bio-medyczne odpady stałe" (Manohar i in., 1998). Światowa Organizacja Zdrowia (WHO, 2000) charakteryzuje klinikę silnych marnotrawstwa jako wszelkie silne odpady, które są wytwarzane w znalezieniu, obróbce lub szczepieniu osób lub stworzeń, w badaniach z tym związanych, lub testowania naturalnych, w tym, jeszcze nie ograniczone do: brudne lub rozpryskiwanej krwi okłady, naczynia kultury i innych porcelany. Dodatkowo zawiera: utylizowane ostrożne rękawice i narzędzia, igły, lamenty, zapasy, co więcej, wymazy używane do uodporniania społeczeństw i wydalania organów ciała.

2.6. Oddziaływanie na środowisko

O ekologicznych skutkach nierozsądnego dumpingu mówiono już wcześniej na tym obszarze. Niezależnie od tego, czy chodzi o odpady komunalne stałe lub odpady medyczne/odpady odporne na działanie czynników atmosferycznych, logiczne innowacje przynoszą pewne efekty ekologiczne; efekty te zmieniają się wraz z każdym rodzajem innowacji wprowadzanym do użytku.

2.6.1. Składowanie odpadów:

Naturalne skutki składowania odpadów są w dużej mierze podporządkowane strukturze wysypisk, codziennym zadaniom i rodzajowi układanych odpadów mocnych. Główne obawy związane ze składowaniem na wysypiskach to skutki spowodowane gazem wysypiskowym (LFG) i powstającymi odciekami. Potencjalne skutki LFG są następujące:

- Wybuchy - z powodu niewystarczającego wychwytywania i gromadzenia się LFG, który jest bogaty w metan i inne niestabilne gazy.
- Płomienie błyskowe.
- Uduszenie fauny i osobników znajdujących się w kolejnym kontakcie ze składowiskiem.
- Uciążliwe zapachy wydobywające się z wysypiska.
- Efekty wizualne.
- Hałas związany z ciągłym przechylaniem się ciężarówek, ramami akumulacji gazu i wykorzystaniem dmuchaw.
- Zanieczyszczenie wody.
- Korozja kół zębatych.

2.6.2. Spalanie odpadów:

Zapalanie odpadów komunalnych stałych w warunkach kontrolowanych, przewiduje zmniejszenie ilości wytwarzanych odpadów, a co za tym idzie ogromne środki na pokrycie kosztów transportu, a ponadto składowanie odpadów. Zaciera naturalną, gnijącą część odpadów, zabijając w ten sposób prawdopodobieństwo starzenia się gazu składowiskowego i odcieków. Procedura kremacji jest głęboko dyskusyjna z powodu dużego zainteresowania kontrolowaniem emanacji trucizn w stanie (Tchobanoglous, 1993).

- Odpływy zanieczyszczeń do środowiska.
- Zanieczyszczone ścieki.
- Zanieczyszczony żużel ze stężonymi truciznami.

- Odra, śmieci, kurz.
- Wyładowania cząstek stałych.
- Wyładunek metali ciężkich.

2.6.3 Spalarnie są instalowane z powodu:

- Troska o bezpośrednie składowanie materiałów, na przykład marnotrawców składek na ubezpieczenie społeczne, oraz rozpoznawalny dowód na to, że marnotrawcy emisji, dla których spalanie przemawia do głównej finansowo dostępnej strategii przekazywania.
- Kontrole legislacyjne ograniczające inne kursy transferowe (np. muł kanalizacyjny).
- Zanieczyszczenie gleb wymagających bioremediacji i...
- Potencjał epoki energetycznej.

2.6.4. Kompostowanie:

Naturalny rozkład i dostosowanie naturalnej części silnych marnotrawców w warunkach wspierających temperaturę termofilów, ze względu na reakcje biochemiczne, jest znany jako obróbka gleby. Stworzony obornik jest ponownie wykorzystywany do osiągnięcia kilku celów, takich jak odzyskanie wartości odżywczej zanieczyszczeń poprzez dodanie azotu, fosforu i innych istotnych składników następczych, aby nadać ważną strukturę gleby, ograniczenie utrzymywania się wilgoci i naturalny poziom zanieczyszczeń. Najważniejsze efekty ekologiczne wynikające z nawożenia gleby silnymi odpadami są znaczne, krusząca się rozrzutnia i jakość powietrza oddzielona od potencjalnego zagrożenia dla ogólnego samopoczucia, ponieważ przyciąga ona wektory i gryzonie.

2.6.5. Recykling:

Reusing charakteryzuje się Marowskiego (1992) jako wykorzystywanie materiałów, które są pod koniec życia pomocne; do podtrzymywania zapasów w montażu nowych przedmiotów. Ponowne wykorzystanie kontrastów z ponownego wykorzystania, ponieważ obejmuje ono przygotowanie; różni się od odzyskiwania aktywów, ponieważ w przypadku odzyskiwania aktywów materiały są odzyskiwane do ponownego wykorzystania ze strumienia mieszanych, silnych odpadów. Ponowne wykorzystanie jest regularnie przedstawiane jako zbieranie materiałów wyizolowanych z odpadów. Zadanie to jest tym dokładniej określane jako odzyskiwanie (Daskalopoulos, 1997). Skutki ekologiczne ponownego wykorzystania obejmują powstrzymanie się od wydatków operacyjnych i zewnętrznych związanych z przenoszeniem odpadów (np.

wydatków na szkody ekologiczne spowodowane odciekami, emanacjami w powietrzu itp. Istnieją różne uzasadnienia środowiskowe dla recyklingu:

- Zachowanie ograniczonych zasobów, zwiększenie możliwości wsparcia.
- Zmniejszenie wykorzystania witalności do generowania.
- Ograniczenie odpływu toksyn.
- Zyski z instrukcji środowiskowych dzięki współpracy w zakresie ponownego wykorzystania.

2.6.6. Zastosowanie technik MCDM:

Na naturalne podstawowe przywództwo szczególny wpływ ma przełamywanie punktów prescience. Na przykład, w pobliskim wymiarze, wybory w odniesieniu do długiego okresu czasu, w którym kadra kierownicza zajmująca się silnymi odpadami zależy w ograniczonym stopniu od przyszłej populacji, wskaźników wieku odpadowego na mieszkańca, wskaźników ponownego wykorzystania na mieszkańca, a jeśli chodzi o praktyczność programów ponownego wykorzystania, kosztów rynkowych ponownie wykorzystywanych materiałów, na przykład papieru i aluminium. Silne odpady komunalne to tylko jedna z wielu naturalnych podstawowych kwestii przywódczych, które mogłyby skorzystać z tych strategii. Systemy ramowe oparte na uczeniu się, na przykład MCDM, mogą być wykorzystywane do udzielania porad i w ten sposób rozszerzony wymiar pomocy w silnym marnotrawstwie kadry kierowniczej i aranżacji terenu (Thomas et al. 1990). Potencjalni klienci procedur MCDM lub wyboru sieci wsparcia emocjonalnego doradzaliby inżynierom, marnotrawiliby kadry kierownicze, ponownie wykorzystywali moderatorów, szefów miast i liderów. Struktura wybranej sieci wsparcia emocjonalnego powinna umożliwiać jasne zrozumienie części ramowych opartych na informacjach, a tym samym skuteczną zmianę, ze względu na stale rosnące umiejętności, zmieniającą się sytuację finansową, społeczną i mechaniczną w tej dziedzinie.

ROZDZIAŁ 3

3. STUDIA:

3.1. Tonk

Okręg Tonk znajduje się w północno-wschodniej części stanu Radżastan między ^{750} 07' do 760 19' długości geograficznej wschodniej i ^{250} 41' do ^{260} 34' szerokości geograficznej północnej i jest przesłuchiwany w badaniu Indie arkuszy stopni 45 N, 45 O, 54 B i 54 C. Absolutna strefa topograficzna obszaru jest 7194 km2 . W skład regionu wchodzi 7 pododdziałów: Tonk, Niwai, Deoli, Uniara, Malpura, Toda Raisingh i Piplu. Ma siedem tehsils viz. Tonk, Niwai, Deoli, Uniara, Malpura, Toda Raisingh i Piplu. Istnieje sześć Panchayat Samities viz Tonk, Niwai, Deoli, Uniara, Malpura i Toda Raisingh. Bezwzględna liczba miejscowości na tym obszarze wynosi 1116 (wyliczenie z 2011 roku). Liczba ludności wiejskiej i miejskiej w regionie wynosi odpowiednio 1103603 i 317723. Dziesięcioletni rozwój ludności na tym obszarze wynosi 17,3% od 2001 roku.

Przewodnik po obszarze oznaczającym granice kwadratowe jest wystawiony, ponieważ systematyczne przeglądy hydrogeologiczne zostały ukończone w latach 1964-1966 przez indyjskie badanie gruntów. Zostały one poprzedzone przez Centralny Zarząd Wód Podziemnych w latach 1977-79. Cała okolica została zabezpieczona w ramach celowych badań hydrogeologicznych. W latach 1973-76, półpunktowy przegląd znacznej liczby kwadratów został dokonany przez Departament Wód Podziemnych Radżastanu, zależny od zasad Ogrodnictwa Refinance Development Corporation.

Obszar badań jest szczególnie narażony na powodzie, zwłaszcza w części południowo-wschodniej i środkowo-wschodniej w porze deszczowej. Średnia temperatura maksymalna i średnia temperatura minimalna w regionie odpowiada odpowiednio 41,9°C i 8,9°C. Średnia suma opadów w tym regionie wynosi 590 mm. Tonk to miasto na indiańskim terytorium Radżastanu.

Miasto jest położone 95 km (60 min.) ulicą na południe od Jaipuru, w pobliżu właściwego brzegu rzeki Banas. Jest to autorytatywny dworzec centralny w okręgu Tonk. W latach 1817-1947 Tonk był również stolicą tytułowej augustowskiej prowincji Indii Brytyjskich.

3.2. Administracja miasta Tonk

Dystrykt Tonk jest miejscowością prowincji Radżastan w zachodnich Indiach. Miasto Tonk jest autorytatywną stacją centralną regionu. Obszar ten jest ograniczony na północy przez miejscowość Jaipur, na wschodzie przez region Sawai Madhopur, na południowym wschodzie przez region Kota, na południu przez region Bundi, na południowym zachodzie przez region Bhilwara, a na zachodzie przez dystrykt Ajmer. Jest to jeden z czterech regionów, które nie są bezpośrednio związane z koleją. Najbliższy dworzec kolejowy, Newai, znajduje się w regionie, a jednocześnie jest oddalony o 30 km od lokalnego biura domowego.

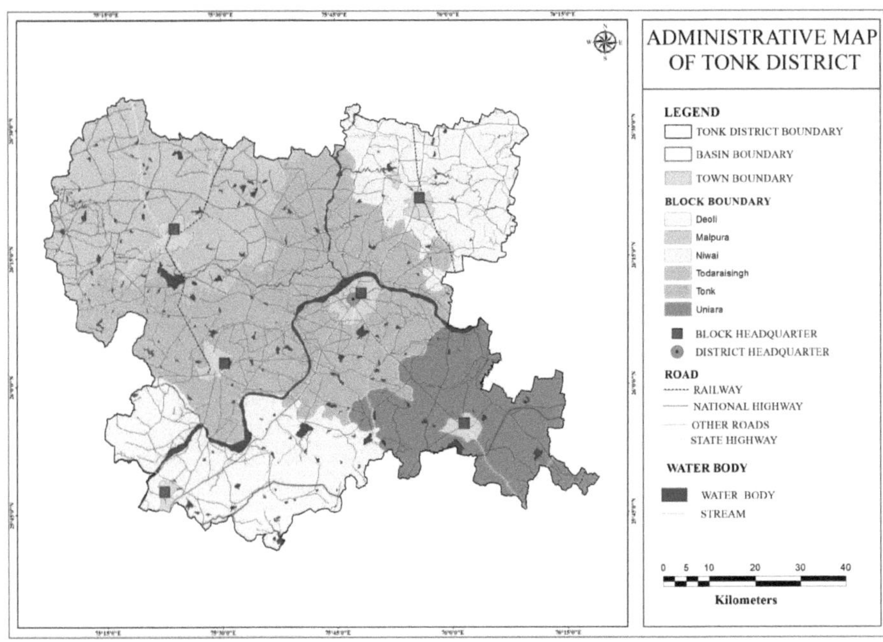

Rysunek 3.1: Mapa administracyjna okręgu Tonk

Przez dzielnicę przepływa rzeka Banas. Jest tam siedem pododdziałów i tehsils: Deoli, Malpura, Newai, Todaraisingh, Tonk, Uniara i Peeplu. Tonk to Nagar-Parishad, a Deoli, Malpura, Newai, Todaraisingh i Uniara to Nagar-Palikas. Jak wynika z danych statystycznych z 2001 r., w miejscowości tej znajdowały się 1093 miejscowości.

Tabela 3.1: Układ administracyjny okręgu Tonk

STRUKTURA ADMINISTRACYJNA POWIATU				
PODWÓJNA DYREKTYWA	TEHILS	SYSTEM PANCHAYAT	NIE. WILLAGI	TOWNY
1. TONK	1. TONK	1. TONK	134	1. TONK
2. PEEPLU	2. PEEPLU	-	116	-
3. NEWAI	3. NEWAI	2. NEWAI	191	2. NEWAI
4. DEOLI	4. DEOLI	3. DEOLI	161	3. DEOLI
5. UNIYARA	5. UNIYARA	4. UNIYARA	192	4. UNIYARA
6. MALPURA	6. MALPURA	5. MALPURA	129	5. MALPURA
7. TODARAYZACJA	7. TODARAYZACJA	6. TODARAYZACJA	109	6. TODARAYZACJA
OGÓŁEM:- 7	OGÓŁEM:- 7	OGÓŁEM:- 6	OGÓŁEM:- 1032	OGÓŁEM:- 6

3.2.1 Lokalizacja

Dystrykt Tonk znajduje się przy drodze krajowej nr 12 w odległości 100 km od Jaipuru. Znajduje się między długością 75°07^ do 76°19^ a zakresem 25°41^ do 26°34^. Jest on ograniczony w

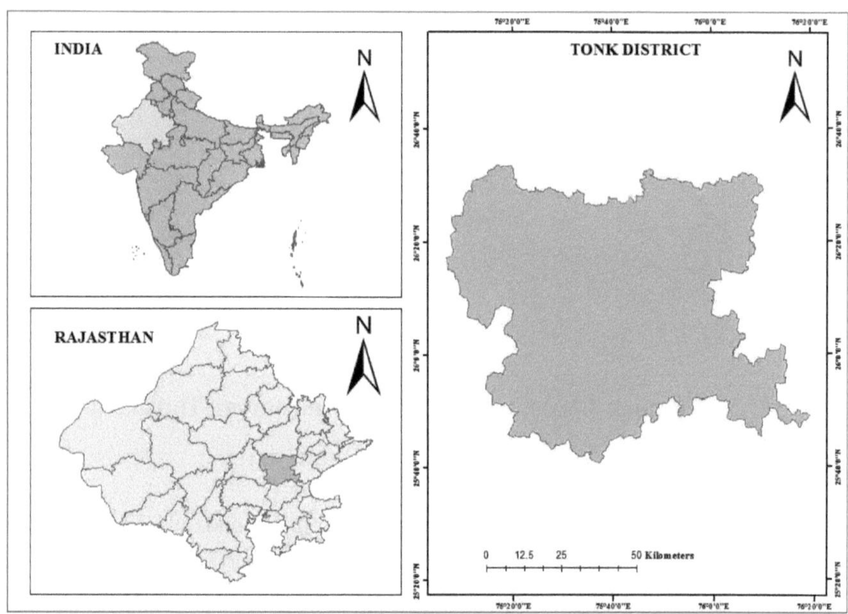

Rysunek 3.2: Mapa lokalizacji okręgu Tonk

Na północy przez obszar Jaipur, na wschodzie przez miejscowość Swai Madhopur, a na zachodzie przez obszar Ajmer. Cały topograficzny region Tonk locale wynosi 7,16 ha, jednak ze względu na użytkowanie gruntów w latach 2002-03 strefa ta liczona jest jako 7,19 ha lacs, jak wynika z nadchodzących rekordowych dokumentów.

3.2.2 Obszar

Tonk to miasto w indyjskiej prowincji Radżastanu. Miasto jest położone 95 km (60 min.) ulicą na południe od Jaipuru, w pobliżu właściwego brzegu rzeki Banas. Jest to regulacyjna stacja centralna w okręgu Tonk. Tonk był również stolicą słynnego terytorium Indii Brytyjskich od 1817 do 1947 r. Całkowita powierzchnia Dystryktu wynosi 7194 km2.

3.3.3 Użytkowanie i pokrycie terenu

Drogi wodne i przypływy na tym obszarze mają swoje miejsce w ramach Banas, co jest dość nietrwałe. Pośród Monson i przez kilka miesięcy później pojawiają się nowe strumienie, które w pewnych miejscach zatrzymują wodę w zagłębieniach. Pomimo tego, że nie jest to zbyt użyteczny bezpośredni system wodny, to jednak wspomaga system wodny, podnosząc wymiar wody gruntowej w studniach.

Rzeka Banas wpływa do miejscowości Tonk w Negdia w Deoli Tehsil i z tego miejsca płynie kursem wężowym, skacząc przez ten obszar w około dwóch trzecich na zachód i północ oraz w 33% na wschód i południe. Jego całkowita długość wynosi 400 km. W zimie i w lecie jest ono bierne, ale w czasie ulewnych deszczy zamienia się w szybką i wściekłą zalewę. Nadia , Bisalpur , Rajmahal , Deopura , Mahendwas i Shopuri to znaczące miasta nad brzegiem tego strumienia .

Manshi the czołowy dopływ Banas iść wzdłuż the frędzel Jaipur i Tonk teren między the Tehsils Malpura i Phagi unitl ono huśtawka południe the Banas przy Galod miasto. Sohadra jest kolejnym ważnym szlakiem wodnym, ponieważ zachęca Tordi sagar Tank, największy zbiornik napromieniowujący w Radżastanie.

3.2.4. Geologia

W regionie tym znajdują się skały Aravalli i Delhi Group. Z Aravallisami rozmawiają łupki i gnejsy oraz Delhi za pomocą mączki kukurydzianej, kombinacji i kwarcytów. Mączka kukurydziana, kombinacje, łupiny i gnejsy - wszystko to było widziane już w wieku przed Aravalli.

Ogólny wzorzec rozwoju zmienia się z N-S na NE-SW z zanurzeniami zanurzeniowymi. Aravallis i Delhis zostały zaintrygowane kamieniami post Delhi, pegmatytami i podstawowymi groblami, a mączka kukurydziana i kongle są najlepiej odsłonięte wzdłuż stóp zboczy Toda Raising-Botunda krawędzi, choć główne zakresy stoków Rajmahal, Toda Raisingh i Tordi - Chanson i tak dalej są wykonane z kwarcytów. Fylity są odkryte w południowo-wschodniej części miejscowości w pobliżu Aligarh, Sopotu itd. Reszta strefy równinnej jest zamieszana przez łuski i gnejsy. Progresja terenu w Tonk locale jest podana jako poniżej (po GSI).

3.2.5. Gleba

Brud w tym miejscu waha się od gleby piaszczystej do gleby w kwadracie Niwai i części kwadracie Tonk oraz od gleby gliniastej do górnej warstwy gleby w pozostałej części regionu. Krajowa Rada Stosowanych Badań Gospodarczych uważa, że na tym terenie występuje niezróżnicowana gleba.

Cały odkryty region dla obiektu użytkowania ziemi wynosi 717958 hektarów. Powierzchnia netto zasianego obszaru wynosi 484964 hektarów, co stanowi 67,84% całkowitej powierzchni przyciętego pasa (714832 hektary). W okolicy obszar 26805 hektarów jest zabezpieczony pod lasem, 74946 hektarów jest niedostępnych dla rozwoju, a 131243 hektary to grunty nieuprawiane, licząc podupadłe grunty.

Gleba w tym regionie zmienia się z piaszczystej warstwy wierzchniej na ziemię w kwadracie Niwai i części kwadracie Tonk oraz z gleby gliniastej na wierzchnią warstwę w pozostałej części regionu. Krajowa Rada Stosowanych Badań Gospodarczych postrzega ten obszar jako obszar o niezróżnicowanej glebie.

3.2.6 Klimat i opady deszczu

3.2.6.1 Klimat

Atmosfera lokalu Tonk jest powszechnie sucha w krótkiej południowo-zachodniej porze deszczowej, która rozpoczyna się w okresie od czerwca i trwa do centrum września do listopada, kiedy to rozpoczyna się pora burzowa, a wśród grudnia i lutego jest zima. W marcu rozpoczyna się lato i dociera do centrum czerwca. Obserwatorium metrologiczne zostało zbudowane późno w Tonk i zgodnie z percepcją, największa temperatura 22°C i najmniejsza 8°C utrzymuje się zimą, natomiast latem największa i najmniejsza 45°C i pojedynczo. Po burzy deszczowej temperatura spada, ale ciepło pomocnicze nie jest wytłaczane z powodu dodatkowych niedogodności wynikających z rozszerzania się wilgoci. W miesiącach letnich wilgotność pozostaje umiarkowanie ekstremalnie niska w porównaniu z normalną wilgotnością 59,3°C.

Styczeń jest najzimniejszym miesiącem w tej miejscowości ze średnią najmniejszą temperaturą 7.6° C i najbardziej ekstremalną 22.7°C. Temperatura w połowie roku w czerwcu sięga 48ºC. Trzy to spadek temperatury spowodowany początkiem burzy pod koniec czerwca i ponownym wzrostem temperatury na długim odcinku września.

3.2.6.1.1 Przed monsunami

Przed sztormem (1997-2006) informacje o stanie wód w stacjach hydrograficznych wykazują tendencję spadkową w całej miejscowości. Srinagar Square wykazuje spadek o ponad 1 m w okresie przed i po burzy z powodu zaopatrzenia w wodę w miastach i słabo wydajnego poziomu wodonośnego.

Wyraźna wydajność łupków wynosi 2%, gnejsów - 1,5%, a aluwium - 8% (Reappraisal of ground water assets of Ajmer locale, 2004). Transmisyjność aluwium w warstwie wodonośnej aluwium wynosi około 40 m2/dobę, choć na terenach objętych silnymi wstrząsami w regionie zmienia się z 4,6 i 330 m2/dobę.

3.2.6.1.2 Post Monsoon

Informacje po deszczu wskazują na głębokość do poziomu wody poniżej 2m na odłączonym obszarze na placu Jawaja, 2 do 5m na placach Arain, Bhinai, Kekri, Masuda, Jawaja i Srinagar. Zachodnia i północno-zachodnia część regionu ma dalsze poziomy wody, na przykład ponad 20 mbgl. Poziom wody od 10 do 20mbgl znajduje się na placach Silora, Srinagar, Pisangan, Masuda i Bhinai. Reszta regionu mieści się w klasyfikacji od 5 do 10 metrów.

Szeroko, nachylenie zwierciadła wody prowadzi do przesączania się. Wysokość i nachylenie zwierciadła wody gruntowej waha się od 310 metrów nad średnim poziomem morza (mamsl) wzdłuż południowo-wschodniej części (utrudnienie Kekri) do ponad 660 mamsl w południowo-zachodniej części (plac Jawaja) i 1,0 (utrudnienie Kekri) do 13,3 m/km (plac Jawaja) osobno.

3.2.6.2 Opady deszczu

Atmosfera tego terytorium jest półpustynna. Zwykłe opady roczne (1901-70) w regionie wynoszą 598 mm, podczas gdy zwykłe średnie opady roczne w latach 2001-2010 wynoszą 531 mm. Oczywiste jest, że opady w tym miejscu znacznie się zmniejszyły w trwającej przeszłości. Roczne normalne opady wahały się od 460,2 mm w Malpurze do 590,04 mm w Tonk. Całkowita roczna potencjalna ewapotranspiracja zarejestrowana przez technika penmana wynosi 1725,0 mm. Potencjalna ewapotranspiracja jest najbardziej podwyższona (255,0 mm) w długim odcinku maja i najmniej (68,0 mm) w okresie grudnia.

Normalna roczna suma opadów na całym obszarze wynosi 61,36 cm, jednak od południowego wschodu do północnego-zachodu znacznie się zmniejsza. Około 93% w skali roku przypada na okres od czerwca do września, z czego lipiec i sierpień są miesiącami najbardziej deszczowymi. Informacje o opadach dostępne są ze stacji Six, co świadczy o ogromnej różnorodności opadów od roku.

3.2.7 Temperatura

Jeśli nie jest to zbyt duży problem, odwiedź dodatkowo strony Tonk City Historical Weather, Text Weather i Weather Charts. Weryfikowalne lub przeszłe szacunki klimatyczne podają zarejestrowane wskaźniki klimatyczne od pierwszego lipca 2008 r. do chwili obecnej w 3 godzinnych odstępach czasowych. Strona klimatyczna treści pozwoli Ci uzyskać zarys zawartości klimatycznej na następne 14 dni, a strona z wykresem klimatycznym pokaże projekt klimatu, taki jak temperatura, prędkość wiatru, podmuch, waga itd. w trybie graficznym na następne 14 dni. Ufamy, że ci się to spodoba.

3.2.8 Geomorfologia

Strefa ta jest przedstawiona w ogólnym zarysie w pofałdowanym układzie geograficznym, z nieznacznie odseparowanymi krawędziami biegnącymi w kierunku północno-wschodnim do południowo-zachodnim pomiędzy Gar, Banoli w części zachodniej i stokami Aravalli w kierunku Madhopur Sawai w części południowo-wschodniej. Ogólna wysokość pól waha się od 231 do 337 m nad średnim poziomem morza, a wzory od południowego zachodu do północnego wschodu. Zbocza po południowo-wschodniej stronie wznoszą się do wysokości 518,46 m n.p.m. Zbocza Rajmahal i Tordi na zachodzie wznoszą się na wysokość 605,30 i 574,20 m npm. W części ogniskowej znajduje się stok, który biegnie przez około 14 km pomiędzy Chauth ka Barwara a Bhagwantgarh i wznosi się nad polami na wysokość od 150 do 180 metrów.

Krawędzie gnejsów, łupków i kwarcytów wznoszące się na wysokość 190 m nad polami widziane są w Gaunri i Tonk. W Gaunri zdarzają się one jako rozłączone zbocza, podczas gdy w Tonk są one znajdowane jako pęczki dryfujące w kierunku NE-SW i ciągnące się aż do Purthy. W Um i Kabrze również obserwuje się małe, odseparowane wzgórza. Poza tymi zboczami, naród jest na ogół na poziomie. Na brzegu drogi wodnej Banas znajdują się piaszczyste wzgórza, które wznoszą się na wysokość od 20 do 30 metrów nad polami.

3.2.9 Odwadnianie

Miejscowość jest uszczuplona przez drogę wodną Banas i jej dopływy. Strumień Banas wpada do obszaru Tonk w Negaria w Deoli tehsil, skąd płynie wężowym kursem dzielącym region na około dwa odcinki; 66% terytorium opada na północ i 33% na południe, aż do momentu opuszczenia terenu w Sureli w pobliżu stacji Barawara. Biegnie on przez około 135 km w regionie. Jest to większa część na kilometr szerokości i przez pewien czas pracuje w głębokim na 9 m kanale. To jest całkiem trwałe. To buduje dendrytyczny przykład, co więcej, kształtuje głęboką szczelinę w Rajmahal. Jego lewy brzeg jest stabilny i szorstki, podczas gdy bank przywilejów jest zabezpieczony przez aluvium. Mashi i Sohadra są prawdziwymi dopływami Banas w tym rejonie. Oba są z natury parowe. Sohadra jest uważana za znaczący strumień w okolicy, ponieważ odżywia zbiornik Tordi Sagar, który jest jednym z największych zbiorników systemu wodnego w Radżastanie. Dołącza do szlaku wodnego Mashi w pobliżu miasta Dundia w okolicach Tonk; stamtąd łączy się z potokiem Banas w pobliżu miasta Galod. Na obszarze tym znajdują się dodatkowo 2 inne mniejsze strumienie, w szczególności Khari i Dai, oba mają charakter nieciągły.

3.2.10 Naturalna roślinność

Około 4,61 % całego terytorium regionu stanowią tereny leśne, w większości położone w pobliżu miasta Tonk, Sohela, Kakor, Benetha, Nagar, Toda Raisingh, Rajmahal i Newai. Podstawowe gatunki to Dhonk, Khair, Chills, Khejra, Shisham, Siris, Tendu, Babul i Ber. W poprzednim stanie Tonk, Antelope, Jeleń i Nilgai były podstawowe na polach i Leopard, Samber ponadto, Wild Hog znaleziono na stokach, Tiger można było spotkać raz na jakiś czas wewnątrz południowo-wschodnich regionach tego obszaru. Obecnie fauna jest znacznie zmniejszona i powszechnie występują tylko jelenie, Hara, kuropatwy szare i małe głuszce. Ze względu na osłabienie, często nie podaje się naturalnej strzelaniny życiowej.

3.2.11. Hydrologia

Wody gruntowe występują w większości w warunkach fizjologicznych. W regionach aluwialnych, wody gruntowe na ogół zdarzają się w warunkach zanurzonego stołu, gdzie jak w twardych wstrząsach i krystalicznych skałach, jest on pod niewielkim ciężarem. Wytrzymała strefa pod lustrem wody jest wspaniałą strefą składowania. Rozwój wód gruntowych jest ograniczony przez porowatość w strefie znoszonej i połączenia, szczeliny, pęknięcia, płaszczyzny podściółki i inne zasadniczo słabe strefy w twardym wstrząsaczu i transportu ziarna w aluwium. Rozwój ten jest dodatkowo ograniczony przez stopień, oszacowanie, otwartość, spójność i wzajemne powiązanie pęknięć. Czwartorzędowe aluwium, fility, łupki i granitognejsy to główne kierunki rozwoju hydrogeologicznego w tym rejonie.

3.2.11.1 Warstwa wodonośna

Wody gruntowe w regionach aluwialnych, z których główne to Negaria i dolina Tonk, występują w warunkach nieograniczonych. W aluwium woda gruntowa konsumuje otwartą przestrzeń pomiędzy cząsteczkami piasku, skał i claykankar. Na obszarze około 75 km2 , znajdującym się pomiędzy obrzeżami Tordi-Chandsen, wody gruntowe występują w większości w piasku eolskim. Lokalnie, na przykład, na północnych obrzeżach Tordi Sagar i południowych obrzeżach Bhairon Sagar, dzieje się to w pokładach skalnych.

W trzech wierceniach, zatopionych na zachodniej części zasypu doliny, w środku 30 m doświadczono wstrząsów łóżka dla małych przeciągów. Wydajność odwiertów cylindrycznych w dolinie Negaria różni się od 650 do 1518 l/min przy opadaniu z 0,60 do 2,15 m, podczas gdy wydajność odwiertów cylindrycznych w dolinie Tonk, położonych w pobliżu Tonk, wynosiła 900 l/min przy opadaniu 0,90 m.

Zwierciadło wody blokuje powierzchnię lądu w pobliżu właściwego brzegu drogi wodnej Banas wzdłuż styku aluwium z trzęsawiskiem dna, co potwierdza ogromna liczba źródeł widzianych przez około 1,8 km wśród Negarii i Chanu, w Dudas 200m NW miasta w Negarii i przez około 2 km wśród Mendwas i Aminpura w dolinie Tonk. Uwolnienie zdecydowanej większości z tych sprężyn jest niskie. Niezależnie od tego, ogromne baseny są od początku ukształtowane takie strefy przecieków.

3.2.12. Fizjografia

Tonk locale ma stan latawca lub rombu z jego wschodnich i zachodnich stron, kłaniając niektóre co wewnętrzne i południowo-wschodnie kawałek cięcia między Sawai Madhopur i regionów Bundi. Region ten znajduje się na wysokości ok. 214,32 m n.p.m., a jego zbocza są szorstkie, choć gorsze. Brudy są obfite, ale niektóre z nich są również piaszczyste i woda gruntowa jest ograniczona. Charakterystycznym elementem obszaru Tonk są ramy Aravali, które rozpoczynają się w regionie Bhilwara i biegną wzdłuż granic miejscowości Bhilwara i Bundi, wkraczają do regionu Tonk na południu w pobliżu Rajkot i liczą się w kierunku północno-wschodnim, aż opuszczą obszar w pobliżu Banetha, Drugi łańcuch leży w Tehsil Todaraisingh między główną siedzibą Tehsil Rajmahal, gdzie przez to zbocze przebiega potok Banas. Innym znaczącym stokiem jest Malpura i mały stok w pobliżu obrzeża Tehsil Sarwar w okolicy Ajmer.

3.3 Transport

Transport lub przewóz to rozwój ludzi, stworzeń i towarów, począwszy od jednego obszaru, a skończywszy na następnym. Tak jak działalność transportowa jest scharakteryzowana jako specyficzny rozwój żywej istoty lub rzeczy od punktu A do punktu B. Metody transportu obejmują powietrze, ląd, wodę, połączenie, rurociąg i przestrzeń.

3.3.1 Droga

Ulica to aleja, kurs lub ścieżka na lądzie między dwoma miejscami, które zostały oczyszczone lub ogólnie ulepszone, aby umożliwić podróżowanie pieszo lub jakiś rodzaj transportu, w tym pojazd silnikowy, ciężarówka, rower lub rumak.

3.3.2. Kolej

Transport kolejowy jest metodą wymiany podróżnych i towarów na pojazdach kołowych poruszających się po szynach, zwanych inaczej torami. Zwykle nawiązuje się do niej jak do transportu kolejowego. W odróżnieniu od transportu ulicznego, w którym pojazdy poruszają się po równej powierzchni, pojazdy szynowe (tabor ruchomy) są kierunkowo prowadzone przez tory, po których się poruszają. Tory składają się zazwyczaj z szyn stalowych, wprowadzonych na cięgna (podkłady) i przeciwwagi, po których porusza się tabor ruchomy, zwykle wyposażony w metalowe koła. Różne odmiany są również możliwe, na przykład tor sekcji. Jest to miejsce, w którym szyny są przymocowane do stałego zakładu położonego na gotowym podłożu.

3.3.3 Powietrze

Powietrze wokół nas jest mieszaniną wielu gazów i cząstek pozostałości. Jest to rozsądny gaz, w którym żyjące istoty żyją i relaksują się. Ma on niejednoznaczny kształt i objętość. Nie ma cienia ani zapachu. Ma masę i wagę, bo to jest ważne. Ciężkość powietrza powoduje, że środowisko naturalne jest ciężkie. Nie ma powietrza w przestrzeni.

ROZDZIAŁ 4

4.METODOLOGIA

4.1 Przegląd

Wyznaczenie miejsca budowy jest na wpół zorganizowaną procedurą, ponieważ obejmuje rozważenie kilku czynników przed uzyskaniem idealnej aranżacji. W ten sposób potrzebny jest instrument pomocniczy z możliwością wyboru dla uzyskania wygodnych i idealnych rezultatów. Aby rozłączyć wyróżniające się dowody rozsądnych lokalizacji, Geologiczne Systemy Informatyczne (GIS), jako instrumenty pomocy w wyborze, mają niesamowitą swobodę działania.

Badanie nakładek ważonych daje zachęcającą ścieżkę w podstawowym przywództwie, gdzie elementy są ułożone według ich połączenia i znaczenia z miejscem dumpingu, które jest znane jako łańcuch o istotnym znaczeniu. W celu określenia rozstrzygających elementów wykluczenia i braku wykluczenia, w celu zastosowania ważonego badania nakładkowego, podstawowa jest standardowa zaawansowana baza danych, która jest tworzona na etapie GIS.

4.2. Używane dane

4.2.1. Dane satelitarne

Dane satelitarne wykorzystane w badaniu LISS III z roku 2016. Dane dotyczące prawdy gruntowej zostały skomponowane w listopadzie 2016 r. i styczniu 2017 r. w celu wizualnego wyjaśnienia i pogrupowania map przy pomocy globalnego systemu pozycjonowania w postaci szerokości i długości geograficznej, które reprezentują właściwą lokalizację.

System otrzymał do przemyślenia zastosowanie urządzeń do badania przestrzennego w stanie Arc GIS z separacją, podkreśleniami nakładek wagowych. Do ogólnego badania z ważonym badaniem nakładkowym wykorzystywany jest detektor przestrzenny. Informacje wykorzystane w rozważaniach zawierają strukturę rastrową (.img), która została założona w rozdzielczości 30 metrów.

Następnie praca jest wykonywana w stanie Arc GIS z projektowaniem wektorowym (.shp) do digitalizacji map tematycznych, podobnie jak planowanie zagospodarowania przestrzennego/przewodnika po terenie w rozmiarze 1:10,000. Informacje zebrane w serwisie obejmują ogniska GPS, zdjęcia terenowe i pomocnicze źródła informacji podane przez specjalistów z zakresu budownictwa cywilnego.

4.2.2. Dane wtórne

Przegląd indyjskich (SOI) map topograficznych (skomputeryzowanych w równie prosty sposób) w skali 1:50,000 lub 25,000 jest wykorzystywany do pomocy w wyjaśnieniu, rozpoznawalnym potwierdzeniu podstawowych atrakcji oraz do uporządkowania zbierania informacji o terenie. Indie są owinięte w około 5500 przewodników w skali 1:50 000, które są zmieniane przez SOI na skomputeryzowane grupy.

Informacje fakultatywne oznaczają informacje, które są obecnie dostępne, tzn. odnoszą się do informacji, które zostały właśnie zebrane i rozpracowane przez inną osobę. W momencie, gdy naukowiec korzysta z informacji pomocniczych, w tym momencie musi zbadać różne źródła, z których może je uzyskać. W tej sytuacji na pewno nie stawia on czoła problemom, które zazwyczaj wiążą się z gromadzeniem unikalnych informacji.

(I) różne produkcje centralnego, państwowego organu rządowego; (II) różne dystrybucje zewnętrznych organów rządowych lub organów światowych i ich stowarzyszeń wspierających; (III) dzienniki specjalistyczne i wymiany; (IV) książki, czasopisma i dokumenty; (V) sprawozdania i produkcje różnych stowarzyszeń związanych z biznesem i przemysłem.

4.2.3. Przygotowanie danych przestrzennych

O systemie tworzenia informacji przestrzennej dla całego badanego regionu mówi się jako o dążeniu:

Krok 1: Obsługa informacji satelitarnych wykorzystująca programowanie przygotowujące obraz jak ERDAS i wiek wersji drukowanej.

Krok 2: Generowanie map tematycznych, tj. wykorzystanie/rozkład gruntów, geomorfologia, geologia, współczynnik inwazji i gleba poprzez wizualne tłumaczenie symboliki satelitarnej i toposheetów SOI.

Etap 3: Generowanie map geograficznych wskazujących na właściwości fizyczne strefy objętej badaniem. Mapy terenu oddzielone od toposheetów SOI mają charakter bazowy, układ ulic, odpadów, działu wodnego i skośnego.

4.3. Oprogramowanie

Podczas tworzenia warstw LU/LC można korzystać z dowolnego standardowego oprogramowania do przetwarzania obrazu i GIS. Inklinacja powinna być podana do open source i ISRO-DOS stworzył pakiety. Programowanie GIS nadawałoby się do obsługi modeli OGC opartych na XML-owych strukturach/konstrukcjach GIS do tworzenia warstw tematycznych.

4.3.1 Używane oprogramowanie

4.3.1.1 ERDAS Wyobraźmy sobie 2015 r.

- Aby skorygować i przetworzyć dane rastrowe
- Aby skorygować zeskanowany toposheet
- Aby skorygować obraz satelitarny

4.3.1.2 Mapa łuku 10.6.1

- Aby zdigitalizować dane
- Tworzenie różnych warstw pokrycia terenu i tworzenie bazy danych.
- Do obliczania i przydzielania powierzchni.
- Aby skomponować różne mapy

4.3.1.3 Pani Office Excel 2010

- Aby utworzyć inną figurę, jak Ciasto, pasek itp.

4.3.1.4 Pani Office Word 2010

- Opracowanie i analiza wyników.
- Praca dyplomowa i składanka seminaryjna

4.4. Metodologia

Zastosowanie GIS w podejściu do lokalizacji składowisk odpadów jest generalnie prostym systemem, który zależy od nałożenia się na siebie zbiorów informacji i regionów, które spełniają pewne kryteria odpowiedniości. W tym celu wykorzystano podejście polegające na określeniu składowisk odpadów w oparciu o system informacji geograficznej (GIS) w połączeniu z instrumentami badań przestrzennych udostępnionymi przez GIS w celu koordynacji i oceny różnych zbiorów danych w zależności od pewnych kryteriów oceny, tak aby określić potencjalne miejsca przeznaczenia składowiska (Sumathi i in., 2008).

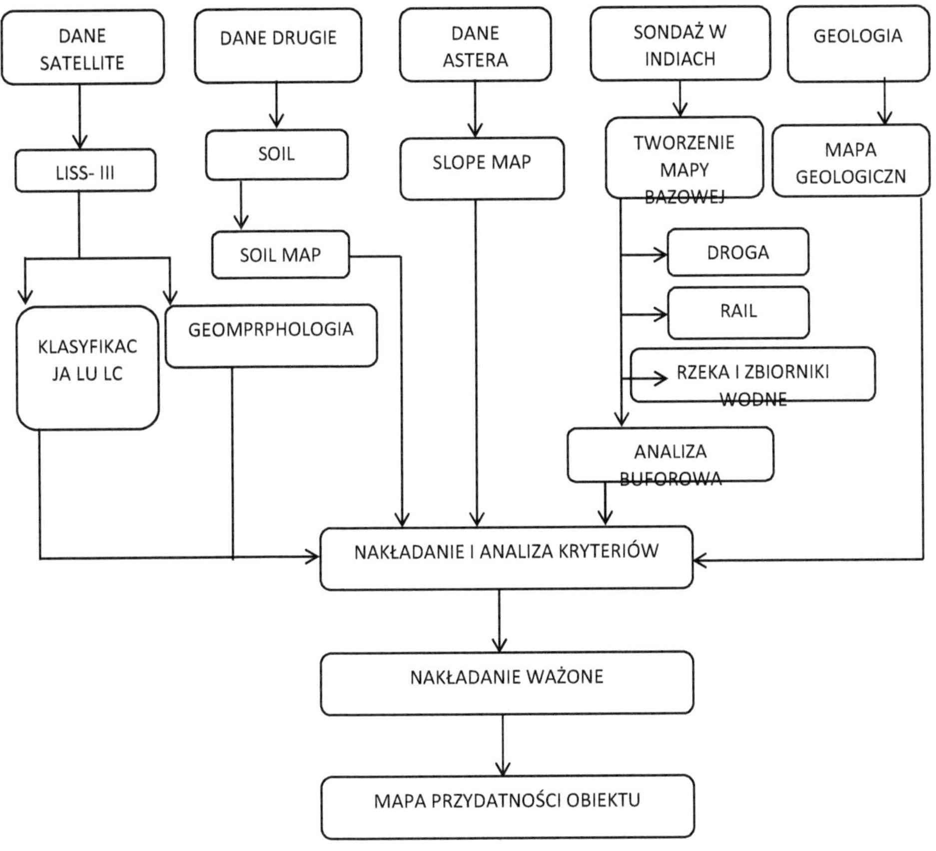

Rysunek 4.1: Przyjęta metodologia

Badanie zależało od aktualnej informacji przestrzennej badanego obszaru. Informacje zostały oddzielone od map zagospodarowania przestrzennego i symboliki satelitarnej terytorium objętego dochodzeniem. Zdigitalizowane zbiory danych zostały wplecione w Arc GIS (Oprogramowanie), aby utworzyć zadania różnych warstw zbiorów danych. Wkrótce potem przeprowadzono badania przestrzenne w celu rozpoznania potencjalnych miejsc. Następnie dostarczono ostatni kompozytowy przewodnik, który przedstawia wszystkie strefy odpowiednie dla lokalizacji składowisk odpadów.

4.4.1 Przetwarzanie danych satelitarnych

W tym dochodzeniu wykorzystuje się skomputeryzowane zdalne wykrywanie informacji z LISS_III. Przewodnik bazowy na skali 1:50.000 otrzymany z arkuszy SOI obejmujących całą strefę badania służy do wyprowadzenia punktów kontroli naziemnej (GCP) oraz do wyznaczenia granicy strefy badania na podstawie symboliki. Dane te są następnie wykorzystywane do rejestracji obrazu w LISS-III z wykorzystaniem programu przygotowującego obraz ERDAS.

Przetwarzanie obrazu: Przygotowywanie obrazów jest związane ze zwrotem błędów informacyjnych i zniekształceń geometrycznych, poprawą i usuwaniem najważniejszych punktów zidentyfikowanych jako aktualne tematy, które są przedmiotem analizy, oraz z zatuszowaniem powtarzających się danych. W tym badaniu, do komputerowego przygotowania informacji satelitarnej wykorzystano standardowe przyrządy do obróbki obrazu.

Rejestracja obrazów: Toposheety obejmujące cały obszar badania w skali 1:50.000 są filtrowane i sporządzany jest zapis rastrowy. Są to dalsze georeferencjacje w zależności od układu równoleżnikowego i wzdłużnego. Po przeprowadzeniu georeferencji każda z map jest koordynowana krawędziowo, a komputerowa mozaika wyznacza kontynuację strefy badań. Georeferencja odbywa się z wykorzystaniem programowania obsługi wizji ERDAS.

Image Enhancement: poprawa obrazu to zmiana obrazu w celu modyfikacji jego wpływu na obserwatora. Ogólnie rzecz biorąc, poprawa obrazu zmienia pierwsze oblicze komputerowego szacunku i powinna być zakończona po georeferencji. Motywacją, która stoi za aktualizacją zdjęć, jest ich stopniowa interpretacja w celu wyraźnego zastosowania.

4.4.2. Tworzenie map tematycznych

Przewodnik tematyczny jest rodzajem przewodnika, którego celem jest pokazanie konkretnego tematu związanego z konkretnym terytorium geograficznym. Mapy tematyczne spełniają trzy zasadnicze potrzeby.

- Mapy tematyczne podają konkretne i punkt po punkcie dane o konkretnych obszarach.

- Podają one ogólne dane o przykładach przestrzennych.

- Można je wykorzystać do zastanowienia się nad przykładami na co najmniej dwóch mapach.

Wymagania stawiane mapom tematycznym, w zakresie skali, zawartości danych, grupowania ram/legendów zależą od powodu, dla którego mapy te mają być wykorzystywane. Zarówno wizualne objaśnienia, jak i komputerowe metody badawcze są wykorzystywane do układania aktualnych map ze zdjęć satelitarnych. Mapy bazowe rozmieszczone wzdłuż tych linii są wykorzystywane w gotowości map tematycznych do wymiany subtelności tematycznych ustalonych .na podstawie informacji satelitarnej. W niniejszym badaniu, na podstawie drukowanej wersji zaawansowanej informacji satelitarnej, tworzone są mapy tematyczne, w szczególności: użytkowanie/rozkład gruntów, geomorfologia, topografia, przewodnik po wodach gruntowych i glebie.

Tabela:4.1: Generacja Map Tematycznych.

S.Nie	Typ danych	Cechy charakterystyczne	Źródło pozyskania
1	Użytkowanie gruntów/ pokrycie terenu	Plantacje rolnicze, Jałowe skały, Kanał, Rdzeń miejski, Uprawy rolne, Las, Plantacje leśne, Hamlety i rozproszone gorące, Mewy, Jeziora/Pond, Górnictwo/Przemysł, Prei urban, Rezerwat/Zbiorniki, Rzeka/strumień/odpływ, Gęsta ziemia zaroślowa, Grunt zaroślowy otwarty, Transport, Wioska, Podmokły.	Toposheety przeglądów Indie, dane satelitarne oraz z Wydział Leśny.
2	Geomorfologia	Nizina aluwialna, Ściana aluwialna, Pogrzebany fronton, Pediment, Wąwóz, Rzeka/Południe/Zbiornik, Nizina piaszczysta, Strukturalny/Liner/Denudacyjny, Wypełnienie Velley, Obszar podmokły.	Dane satelitarne i SOI Toposheet.
3	Gleba	Alfisols soil, Entisols soil, Inceptisols soil, Vertisols.	Dane satelitarne, zagospodarowanie terenu i dział badań glebowych.
4	Geologia	Aluvium i wiatr biown, grupa Hindoli, greanit Jahazpur, grupa Jahazpur, skały mafii, kompleks Mangalwar, kompleks Send mata.	Dane satelitarne i SOI Toposheet.

4.4.2.1. Klasyfikacja użytkowania gruntów/okrycia terenu

Wpływ użytkowania gruntów - zmian pokrycia terenu spowodowanych urbanizacją na mikroklimat powierzchniowy, który uwzględnia zarówno promienistą temperaturę powierzchni, jak i pokrycie roślinnością, o którym mowa, a nie zabudowę komercyjną, wydaje się dominować w zmianach użytkowania gruntów w regionie.

4.4.2.2. Geomorfologia

Geomorfologia to naukowe badanie pochodzenia i ewolucji cech topograficznych i batymetrycznych powstałych w wyniku procesów fizycznych, chemicznych lub biologicznych przebiegających na powierzchni Ziemi lub w jej pobliżu.

4.4.2.3. Gleba

Górna warstwa ziemi, w której rosną rośliny, to czarny lub ciemnobrązowy materiał składający się zazwyczaj z mieszaniny szczątków organicznych, gliny i cząstek skał.

4.4.2.4. Geologia

Geologia jest nauką o Ziemi, która zajmuje się litą Ziemią, skałami, z których się składa, oraz procesami, dzięki którym zmieniają się one w czasie. Geologia może również obejmować badanie stałych cech każdej planety naziemnej lub naturalnego satelity, takiego jak Mars lub Księżyc.

4.4.3. Generacja warstw podstawowych

Wiek przestrzennej bazy danych GIS obejmuje proces zbierania informacji i badania. Informacje topograficzne są dostępne w licznych strukturach, np. w postaci zdjęć wyniesionych, toposheetów, symboli satelitarnych i innych rozproszonych danych. Tworzone mapy topograficzne są następnie przełączane do trybu komputerowego z wykorzystaniem filtrowania, zmechanizowanego procesu cyfryzacji. Mapy te są ustawione w określonej skali i demonstrują właściwości elementów za pomocą różnych obrazów lub odcieni. Obszar substancji na powierzchni świata jest następnie wskazywany za pomocą metod współrzędnych. W GIS wszystkie informacje przestrzenne powinny być usytuowane jak na krawędzi odniesienia.

Tabela 4.2 : Tworzenie mapy bazowej

S.Nie	Dane	Cechy charakterystyczne	Źródło:
1	Mapa bazowa	Główne drogi, zbiorniki wodne, koleje, Wioski, Kanały i odpływy	Badanie dotyczące Indii Toposheet
2	Mapa drenażowa	Wzór odpływu, kanalizacja, kanały	Toposheety badań z Indii aktualizacje przy użyciu dane satelitarne
3	Mapa sieci drogowej	National Highway, State Highway, Główne drogi powiatowe i mniejsze Drogi	Badanie dotyczące Indii Toposheet
4	Mapa stoku	Klasy stoków	Badanie dotyczące Indii Toposheet
5	Sieć kolejowa	Miernik pomiarowy , Szeroki	Badanie dotyczące Indii Toposheet

4.4.3.1 Mapa bazowa

Termin basemapa jest często spotykany w GIS i odnosi się do zbioru danych GIS i/lub ortorektyfikowanych obrazów, które stanowią tło dla mapy. Funkcją mapy bazowej jest dostarczenie szczegółów tła niezbędnych do orientacji położenia mapy. Basemapy dodają również estetycznego uroku mapie.

4.4.3.2. Mapa drenażowa

Przepływ wody przez system odwadniający jest tylko podzbiorem tego, co powszechnie określa się mianem cyklu hydrologicznego, który obejmuje również opady, ewapotranspirację i przepływ wód gruntowych. Narzędzia hydrologiczne koncentrują się na przemieszczaniu się wody po powierzchni.

4.4.3.3. Mapa sieci drogowej

Zarządzanie siecią drogową to konfiguracja ArcMap, która może być wykorzystywana przez techników mapujących do inwentaryzacji skrzyżowań, dróg i fizycznych charakterystyk dróg (np. ograniczenie prędkości, klasa funkcjonalna, szerokość pasa ruchu i liczba pasów ruchu); oraz do publikowania szeregu warstw dróg wykorzystywanych w zarządzaniu utrzymaniem i planowaniem transportu w całej organizacji robót publicznych.

4.4.3.4. Mapa stoku

Spójrz w górę zbocza w Wiktionary, wolnym słowniku. Nachylenie linii jest definiowane jako wzrost w trakcie przejazdu, m = Δy/Δx. ... W GIS narzędzia do obliczania nachylenia w oparciu o rastry szacują szybkość zmian między każdą komórką a jej sąsiadami. Nachylenie w rastrze wyjściowym jest obliczane albo w procentach, albo jako stopień nachylenia.

4.4.3.5. Sieć kolejowa

Kolej od dawna uważana jest za najbezpieczniejszy środek transportu. Uznając potrzebę poprawy wydajności systemów transportowych. Statystyki pokazują, że ogromna liczba wypadków jest wynikiem błędów ludzkich.

4.4.3.6. Tworzenie buforów

Przy użyciu metody planarnej można zwiększyć dokładność buforów tworzonych z projektowanych wejść poprzez zastosowanie projekcji, która minimalizuje zniekształcenia odległości, takiej jak projekcja anEquidistant Conicor czy Azymutal Equidistant i jest geograficznie odpowiednia dla danego wejścia.

4.4.4. Nakładanie i analiza kryteriów

W niniejszym badaniu przeprowadzono prace nakładkowe w celu określenia odpowiedniej mapy terenu, gdy wszystkie zestawy danych czynników zostały całkowicie zniszczone. W związku z tym stworzono ostatnią zbadaną kompozytową mapę terenu.

4.4.5. Nakładka obciążająca (Weighted Overlay)

Dla potrzeb niniejszego badania połączono metodę przestrzennego badania nakładek w celu rozpoznania i uszeregowania potencjalnych miejsc silnego przenoszenia odpadów. Weighted Overlay jest jednym z urządzeń do badania nakładek włączonych do augmentacji Spatial Analyst regularnie jest używany do rozwiązywania problemów związanych z wieloma kryteriami, na przykład, idealne określenie miejsca lub wyświetlanie odpowiedniości. Jest to procedura polegająca na zastosowaniu typowej wielkości cech do różnych i zróżnicowanych wkładów w celu przeprowadzenia skoordynowanego dochodzenia (Mc.Harg, 1969).

Ważona nakładka ocenia ogólny wpływ planów informacyjnych. Nakładki ważone nakładają kilka rastrów wykorzystujących typową skalę szacunkową, a obciążenia są wyznaczane zgodnie z ich znaczeniem. Mapy tematyczne, które są odczytywane, są zmieniane na strukturę rastrową, ponieważ badanie nakładek ważonych wykorzystuje tylko zapisy rastrowe. Instrumenty przekształcające są wykorzystywane do konwersji warstwy wektorowej na rastrową. Warstwy rastrowe same wytwarzają własną numerację do różnych pól. Wszystkie zmienione rastry są zmieniane, co jest wykorzystywane do zmiany nazw pól na różne zgromadzenia i dodawania nowych cech do rastrów, jak wskazano w grupowaniu. Wagi są nadawane każdemu z rastrów o zmienionej nazwie, na co wskazuje ich znaczenie z dbałością o określenie miejsca.

4.4.6. Mapa dopasowania strony

Systemy mapowania Weighted-Overlay konsolidują analizę wielokryterialną (MCA) i GIS. System ten zależy od zdolności GIS do konsolidacji wielu zbiorów danych w sposób specyficzny dla danej przestrzeni (Suman, 2012) oraz od ich zdolności do koordynowania względnych szacunków o znaczeniu w każdym ze zbiorów/warstw danych. Procedura ta uwzględnia również metodyczną akumulację składników, ich obciążeń. Wyniki ważenia pozwalają na rozróżnienie obszarów o zmiennej bezsilności zgodnie z danym rozpoznaniem.

Transformacja danych z prostego do skomputeryzowanego, badanie przestrzenne co więcej, opracowanie map tematycznych, wiek użytkowania gruntów/przewodnik po terenie przez wizualne tłumaczenie co więcej, zatwierdzony z informacji w terenie i ognisk GPS, podstawy kryteriów silnego transferu odpadów ostatni wiek mapy przydatności terenu.

ROZDZIAŁ 5

5. WYNIKI I DYSKUSJE

5.1. Użytkowanie gruntów/Kredyty pokrycia terenu

Odczytano mapę zagospodarowania przestrzennego/okrycia terenu z wykorzystaniem wizualnej interpretacji skoordynowanej z badaniem prawdy gruntowej. Pozwala to na proste objaśnienie sposobu użytkowania terenu, co więcej, podkreśla. Zakończono daleko idące wizualne tłumaczenie na zdjęciach satelitarnych i dokonano fizycznego rozdzielenia różnych rodzajów użytkowania gruntów/rozrzucenia terenu. Kompletne 19 klas zostało przydzielonych na mapie zagospodarowania przestrzennego / pokrycia terenu.

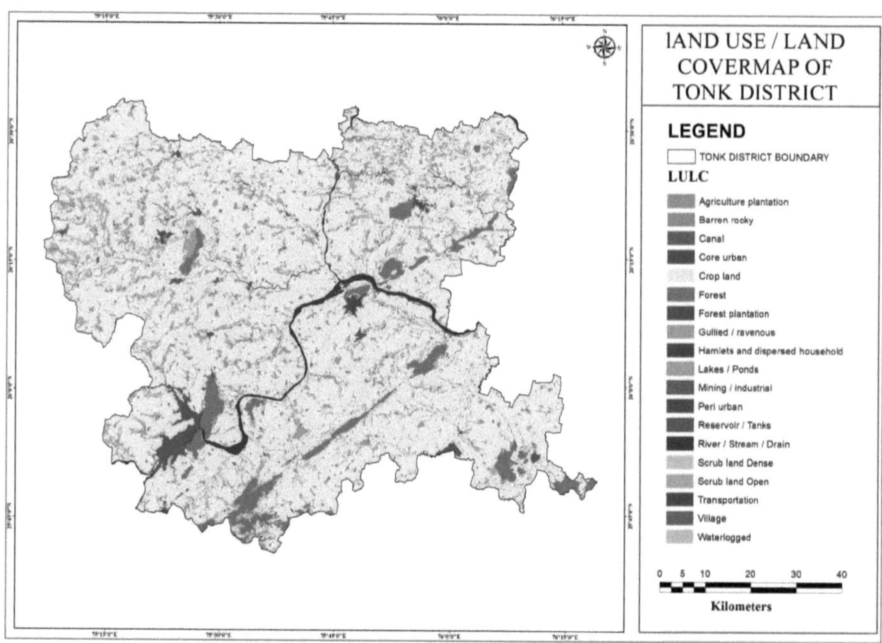

Rysunek 5.1: Mapa LU/LC okręgu Tonk

Ta charakterystyka dała pierwszorzędną decyzję o zrozumieniu ponadto, przydzielenie prawdziwych klas dla ogromnego terytorium intrygi. Mając na uwadze cel, jakim jest silne przeniesienie marnotrawstwa w uprawnione miejsce, administracja powinna wymagać nauki o rodzaju gleby.

Tabela 5.1: Obszar objęty różnymi kategoriami użytkowania gruntów / Kategorie pokrycia terenu.

ZAGOSPODAROWANIE TERENU / POKRYCIE TERENU	% CAŁKOWITEGO OBSZARU BADAŃ
Plantacja rolna Ogółem	0.01
Jałowa skała Ogółem	0.03
Kanał Razem	0.14
Główne miasto Ogółem	0.12
Grunty uprawne Ogółem	77.64
Lasy ogółem	4.06
Plantacja leśna Ogółem	0.00
Gullied / ravenous Razem	0.43
Hamlety i rozproszone gospodarstwo domowe Razem	0.34
Jeziora / Stawy Ogółem	1.59
Górnictwo / przemysł Razem	0.05
Peri urban Razem	0.17
Zbiornik / Zbiorniki Ogółem	1.13
Rzeka / strumień / odpływ Razem	2.41
Ziemia zaroślowa Gęsta Łącznie	0.34
Grunty szorstkie Otwarte Ogółem	10.38
Transport Łącznie	0.20
Wioska Ogółem	0.93
Podmokłe Ogółem	0.02
Ogółem	100

5.2. Geologia

W regionie tym znajdują się skały Aravalli i Delhi Group. Z Aravallisami rozmawiają łupki i gnejsy oraz Delhi za pomocą mączki kukurydzianej, kombinacji i kwarcytów. Mączka kukurydziana, kombinacje, łupiny i gnejsy - wszystko to było widziane już w wieku przed Aravalli.

Ogólny wzorzec rozwoju zmienia się z N-S na NE-SW z zanurzeniami zanurzeniowymi. Aravallis i Delhis zostały zaintrygowane kamieniami post Delhi, pegmatytami i podstawowymi groblami, a mączka kukurydziana i kongle są najlepiej odsłonięte wzdłuż stóp zboczy Toda Raising-Botunda krawędzi, choć główne zakresy stoków Rajmahal, Toda Raisingh i Tordi - Chanson i tak dalej są wykonane z kwarcytów. Fylity są odkryte w południowo-wschodniej części miejscowości w pobliżu Aligarh, Sopotu itd. Reszta strefy równinnej jest zamieszana przez łuski i gnejsy. Progresja terenu w Tonk locale jest podana jako poniżej (po GSI).

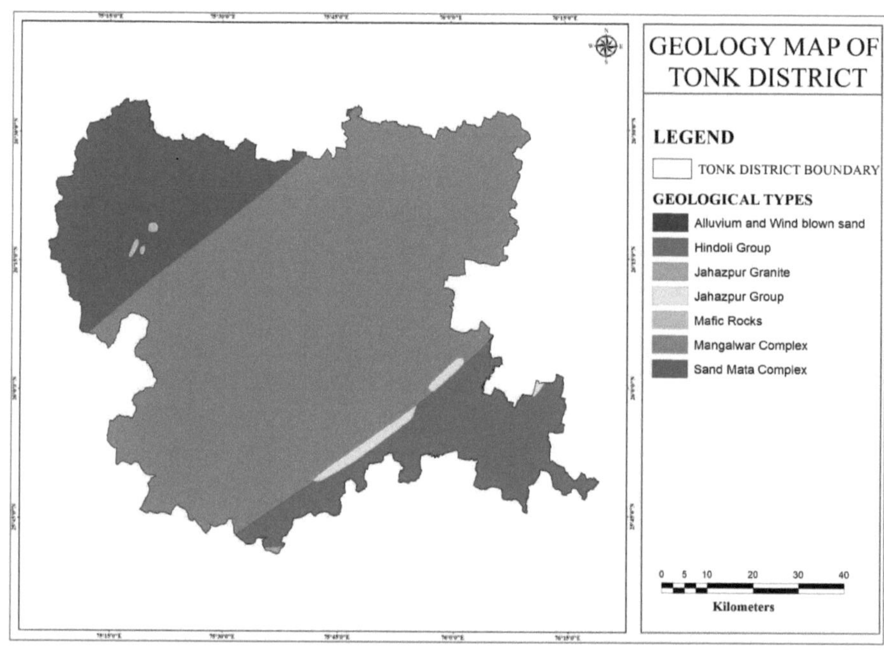

Rysunek 5.2: Mapa geologiczna okręgu Tonk

Tabela 5.2: Pokazanie jednostek geologicznych badanego obszaru.

GEOLOGIA	% CAŁKOWITEGO OBSZARU BADAŃ
Aluvium i piasek wietrzony Razem	0.076
Grupa Hindoli Ogółem	12.61
Jahazpur Granit Ogółem	0.049
Grupa Jahazpur Ogółem	1.07
Skały mafijne Razem	0.13
Kompleks Mangalwaru Ogółem	67.77
Kompleks piaskowo - matowy Ogółem	18.41
Ogółem	100

5.3. Geomorfologia

Strefa ta jest przedstawiona w ogólnym zarysie w pofałdowanym układzie geograficznym, z nieznacznie odseparowanymi krawędziami biegnącymi w kierunku północno-wschodnim do południowo-zachodnim pomiędzy Gar, Banoli w części zachodniej i stokami Aravalli w kierunku Madhopur Sawai w części południowo-wschodniej.

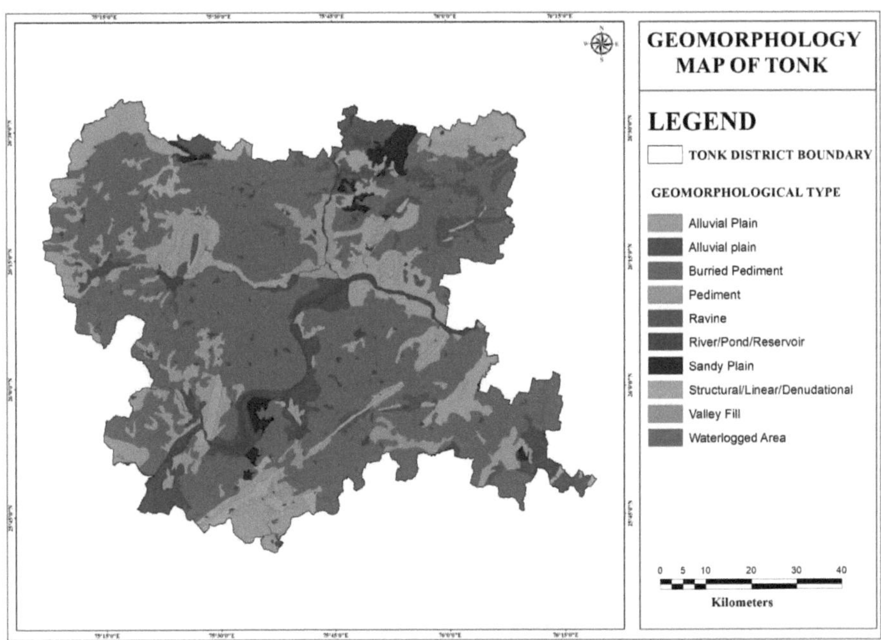

Rysunek 5.3: Mapa geomorfologiczna okręgu Tonk

Krawędzie gnejsów, łupków i kwarcytów wznoszące się na wysokość 190 m nad polami widziane są w Gaunri i Tonk. W Gaunri zdarzają się one jako rozłączone zbocza, podczas gdy w Tonk są one znajdowane jako pęczki dryfujące w kierunku NE-SW i ciągnące się aż do Purthy. W Um i Kabrze również obserwuje się małe, odseparowane wzgórza. Poza tymi zboczami, naród jest na ogół na poziomie. Zakończono daleko idące wizualne tłumaczenie na zdjęciach satelitarnych i fizycznie dokonano rozdzielenia różnych geomorfologicznych rozpiętości. Na mapie geomorfologicznej przydzielono 10 kompletnych klas.

Tabela 5.3: Pokazanie jednostek geomorfologicznych badanego obszaru.

GEOMORPHOLOGIA	% CAŁKOWITEGO OBSZARU BADAŃ
Nizina Aluwialna Ogółem	14.70
Pogrzebany Pediment Ogółem	56.34
Pediment Ogółem	12.25
Ravine Razem	5.39
Rzeka/Pond/Zbiornik Łącznie	3.72
Sandy Plain Razem	1.91
Strukturalne/Liniowe/Denudacyjne Razem	3.11
Wypełnienie doliny Razem	2.57
Obszar podmokły Łącznie	0.01
Ogółem	100

5.4. Gleba

Cały odkryty region dla obiektu użytkowania ziemi wynosi 717958 hektarów. Powierzchnia netto zasianego obszaru wynosi 484964 hektarów, co stanowi 67,84% całkowitej powierzchni przyciętego pasa (714832 hektary). W okolicy obszar 26805 hektarów jest zabezpieczony pod lasem, 74946 hektarów jest niedostępnych dla rozwoju, a 131243 hektary to grunty nieuprawiane, licząc podupadłe grunty.

Zakończono daleko idące wizualne tłumaczenie na zdjęciach satelitarnych i fizycznie rozdzielono różne rodzaje podłoża. Kompletne 10 klas zostało przydzielonych na mapie glebowej.

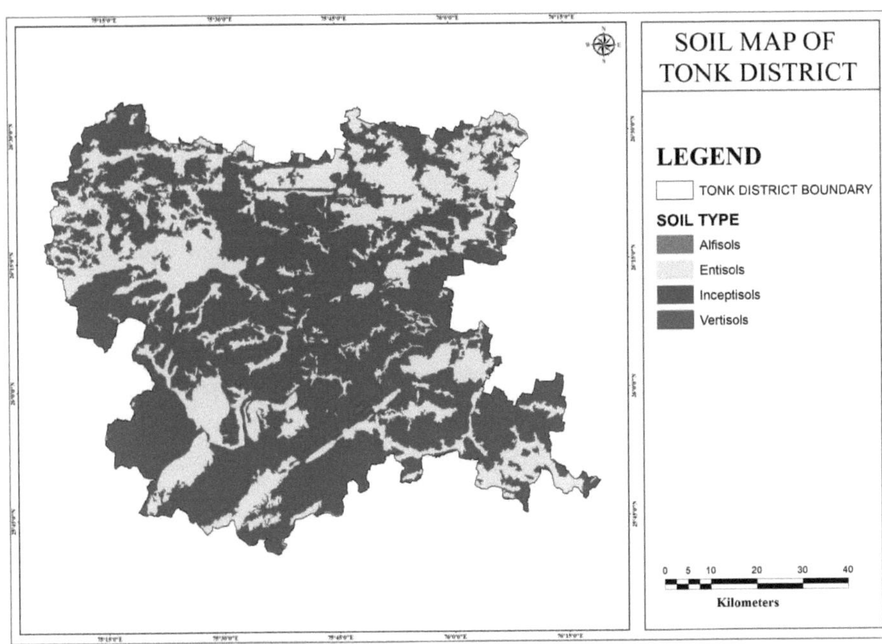

Rysunek 5.4: Mapa glebowa okręgu Tonk

Tabela 5.4: Pokazanie jednostki glebowej badanego obszaru.

SOIL	% CAŁKOWITEGO OBSZARU BADAŃ
Alfisols Razem	0.008
Entizole Ogółem	30.350
Inceptisols Razem	69.570
Vertisols Razem	0.071
Ogółem	100

5.5. SLOPE MAP

Nachylenie jest istotnym czynnikiem wpływającym na rozsądny wybór składowiska odpadów, biorąc pod uwagę fakt, że dany teren jest istotnym terenem do odkopania. Kao i Lin (1996) zaleciły, aby nachylenie instalacji do budowy składowiska odpadów wynosiło około 8-12%, biorąc pod uwagę fakt, że zbyt duże nachylenie utrudniałoby rozwój i utrzymanie się, a zbyt duże nachylenie miałoby wpływ na przesączanie się odpadów.

Skosy powyżej 12% powodowały wysokie wskaźniki rozprzestrzeniania się opadów. Przy większym stopniu rozprzestrzeniania się i zmniejszonej penetracji zanieczyszczenia mogą przemieszczać się w bardziej widocznych miejscach oddzielających je od terytorium kontroli.

Niższe nachylenie również zachęca do tego, aby rozwój terenu był znacznie prostszy i tańszy (Atkinson 1995).

Najlepsze nachylenie wybierane dla rozwoju wysypiska to gdzieś w przedziale od 0% do 12%. Ponadto, prowadnica nachylenia w regionie Bhagalpur była prawie pod małym kątem ze względu na znacząco wypoziomowane terytorium.

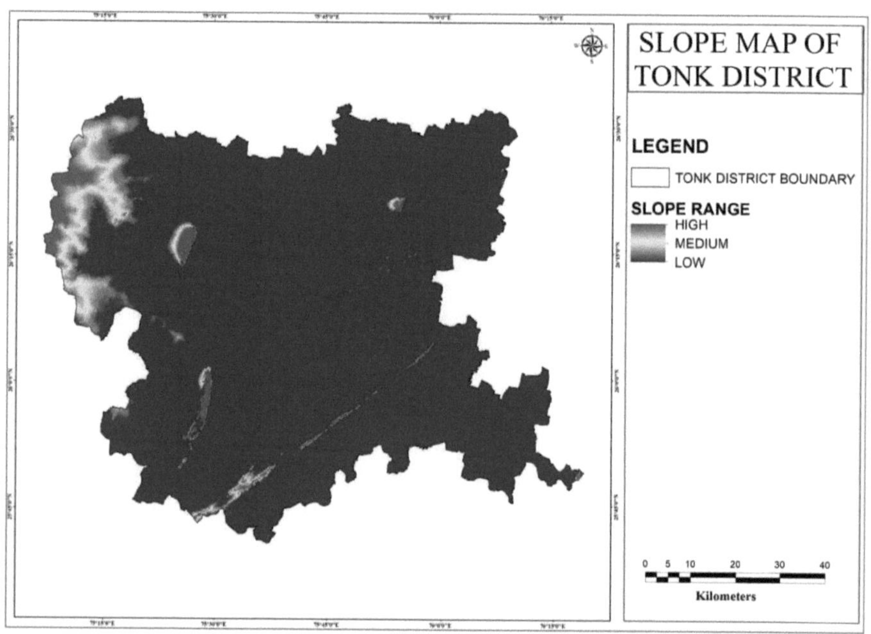

Rysunek 5.5: Mapa stoku okręgu Tonk

Generacja mapy zbocza: DEM został dodatkowo rozbity na skośny przewodnik po regionie objętym dochodzeniem. Nachylenie terytorium zostało określone na podstawie każdego trójkąta wykonanego w powierzchni TIN. Mapa nachylenia plonów jest tworzona w pozycji rastrowej zawierającej nachylenie bodźca w każdej komórce. Im niższa wartość nachylenia terenu, tym bardziej dopełniający się krajobraz; im wyższa wartość nachylenia terenu, tym bardziej ekstremalne terytorium. Raster skośny plonu oznaczono jako obecny skośny. ArcGIS 10.6.1 Urządzenie ArcGIS 10.6.1 Analityk Przestrzenny zostało wykorzystane do wykonania mapy skośnej.

5.6. Fizjografia

Fizjograficzny sprzymierzeniec, terytorium jest przedstawione przez ogólny poziom do pofałdowanych geologii z mało oddzielone krawędzie biegnące w północno-wschodniej do południowo-zachodniej łożysko między Gar ponadto, Banoli w części zachodniej i Aravalli stoki w kierunku Sawai Madhopur w południowo-wschodniej.

Ogólna wysokość pól waha się od 231 do 337 m nad średnim poziomem morza, a wzory od południowego zachodu do północnego wschodu. Zbocza po południowo-wschodniej stronie wznoszą się do wysokości 518,46 m n.p.m. Zbocza Rajmahal i Tordi na zachodzie wznoszą się na wysokość 605,30 i 574,20 m npm. W części ogniskowej znajduje się stok, który biegnie przez około 14 km pomiędzy Chauth ka Barwara a Bhagwantgarh i wznosi się nad polami na wysokość 150 do 180 metrów. Krawędzie gnejsów, łupków i kwarcytów wznoszące się na wysokość 190 m nad polami widziane są w Gaunri i Tonk.

W Gaunri, te zdarzają się jako zamknięte stoki, podczas gdy w Tonk, znajdują się one jako kiście nachylone w kierunku NE-SW i sięgające aż do Purtha. Na Um i Kabrze dodatkowo obserwowane są małe, oddzielone od siebie wzgórza. Z wyjątkiem tych zboczy, naród jest na ogół na poziomie. Na brzegu potoku Banas znajdują się wzniesienia piaskowe, które wznoszą się nad polami na wysokość od 20 do 30 m.

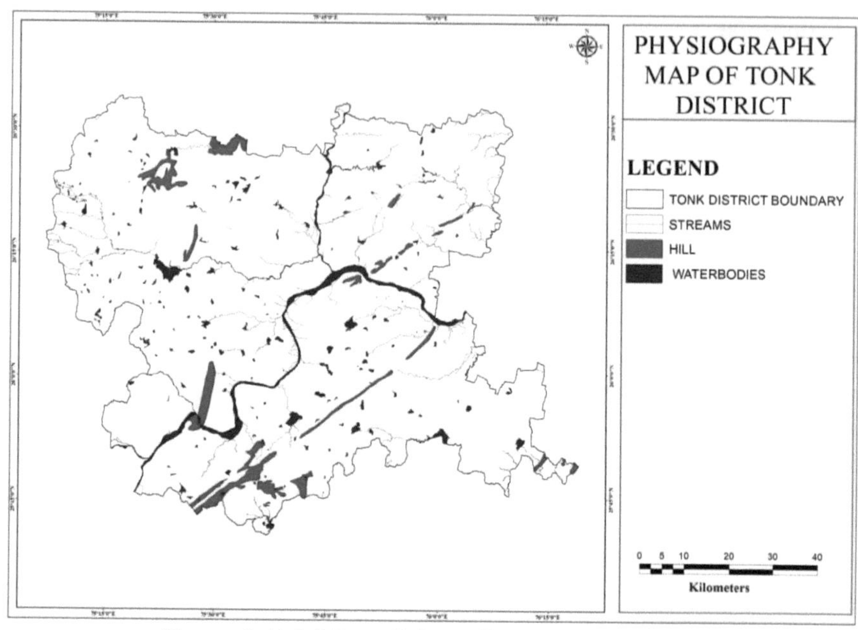

Rysunek 5.6: Mapa fizjograficzna okręgu Tonk

5.7. Fluktuacje

2-metrowy interwał konturowy przyjęty do przewidywania wahań poziomu wody w dnie wskazuje na spadek o cztery metry w jednej przestrzeni i wzrost w alternatywnych obszarach do ponad 18 metrów, jak pokazano na rys. 5.22. Arazy wahań -ve (oznaczone czerwonymi obszarami kolorystycznymi) to obszary, w których dochodzi do nadmiernego zużycia wody, a nawet jeśli poziom wody w okresie monsunowym nie podniósł się i faktycznie spadł wraz z odpowiednim poziomem przedpołudniowym. Takie gigantyczne aras zubożania wody są zasiedlone w południowo-wschodniej części dzielnicy. W pozostałej części dystryktu odnotowano ogólny, istotny wzrost poziomu wody w okresie popowodziowym, mający znaczenie przed sezonem monsunowym. Większość ponad 18-metrowych podjazdów zauważalna jest w japońskiej części bloku Kishangarh.

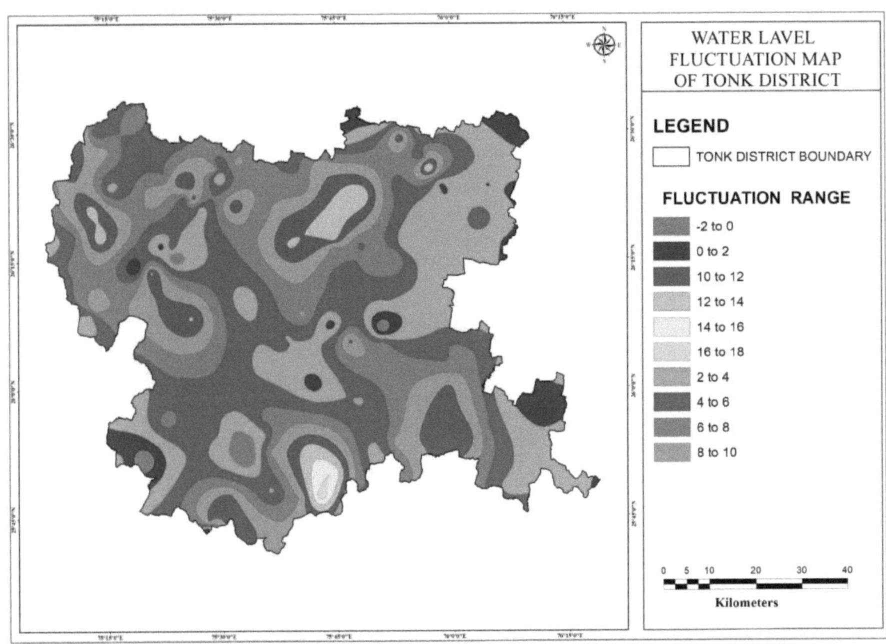

Rysunek 5.7: Mapa wahań w okręgu Tonk

5.8. Warstwa wodonośna

W dzielnicy Tonk poziomy wodonośne kształtują się w Gneiss, Schist i Younger alluvium. Wytrzymałe i popękane kawałki monstrualnych gnejsów i łupków dodają do układu warstw wodonośnych, podczas gdy piaszczyste, żwirowe i inne ziarniste kawałki aluwium składają się na warstwy wodonośne. Gneiss jest najbardziej transcendentnym typem warstwy wodonośnej z ponad 64% udziałem przestrzennym i jest dostępny we wschodniej części obszaru. Łupkowe warstwy wodonośne odpowiadają wyboistym strefom występowania przylotów, a aluwium, zasadniczo piasek wietrzony, występuje w północno-zachodniej części obszaru wokół okręgu toniowego.

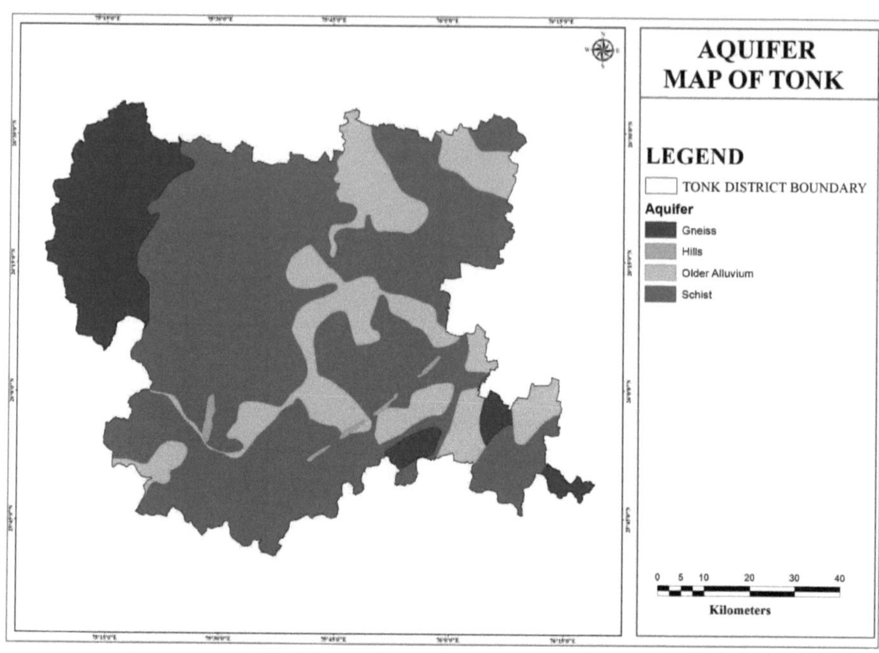

Rysunek 5.8: Mapa warstw wodonośnych Obwodu Tonk

Tabela 5.5: Pokazanie jednostek wydajności warstwy wodonośnej obszaru badań.

AQUIFER	% CAŁKOWITEGO OBSZARU BADAŃ
Gneiss Razem	15.27
Hills Razem	0.55
Starsze Aluvium Ogółem	19.53
Schist Razem	64.66
Ogółem	100.00

5.9. Opady deszczu

Atmosfera tego terytorium jest półpustynna. Zwykłe opady roczne (1901-70) w regionie wynoszą 598 mm, podczas gdy zwykłe średnie opady roczne w latach 2001-2010 wynoszą 531 mm. Oczywiste jest, że opady w tym miejscu znacznie się zmniejszyły w trwającej przeszłości. Roczne normalne opady wahały się od 460,2 mm w Malpurze do 590,04 mm w Tonk. Całkowita roczna potencjalna ewapotranspiracja zarejestrowana przez technika penmana wynosi 1725,0 mm. Potencjalna ewapotranspiracja jest najbardziej podwyższona (255,0 mm) w długim odcinku maja i najmniej (68,0 mm) w okresie grudnia.

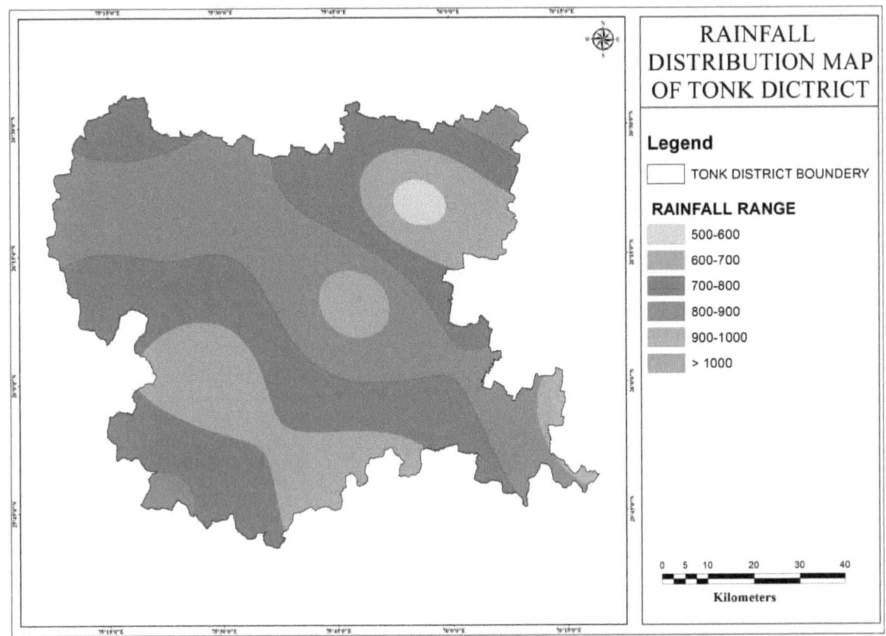

Rysunek 5.9: Mapa opadów deszczu w okręgu Tonk

5.10. Hydrogeologia

5.10.1. głębokość do poziomu wody (przedpołudniowa)

Głębokość do poziomu wody w maju 2011 r. zmieniła się z 2,75 mbgl do 33,43 mbgl odnotowanych oddzielnie w Todaraisingh i Niwai. Badanie przewodnika (Ryc. 5) odkrywa, że głębsze poziomy wody gdzieś w zasięgu 20 m i 40 m bgl w odłączonych łatach występują w ogniskowych i wschodnich częściach regionu na placach Niwai, Unihara i Tonk. Płytki poziom wody poniżej 5 m bgl został odnotowany we wschodniej części miejscowości, na ogół na placach Malpura i Todaraisingh.

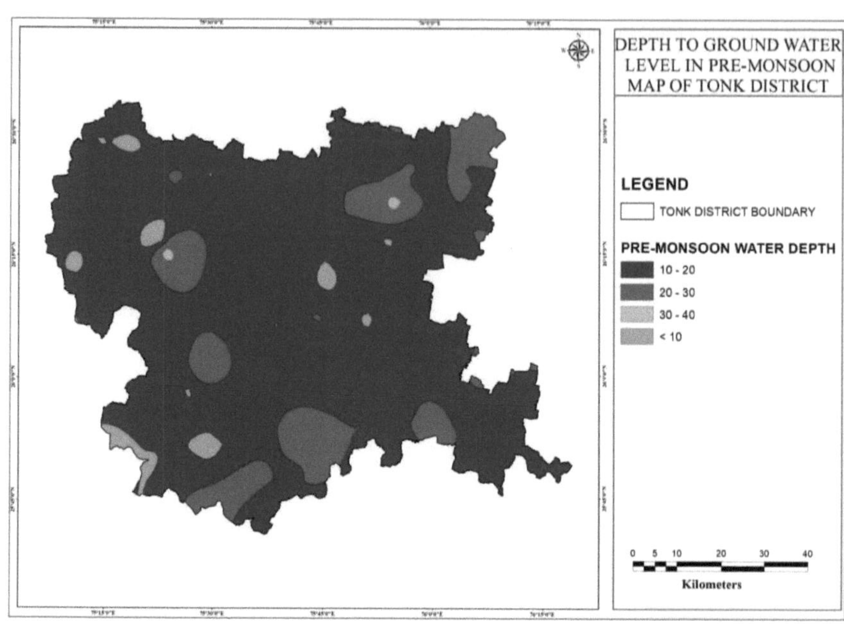

Rysunek 5.10: Mapa przedpołudniowa okręgu Tonk

5.10.2. Głębokość do poziomu wody (post -Monsoon)

W listopadzie 2011 r. głębokość do poziomu wody zmieniła się z 1,17 mbgl w Jaisinghpura na 26,25 mbgl w Niwai. Przewodnik po poziomie wody na listopad 2011 r. pokazuje, że poziomy wody gdzieś w przedziale od 20 m i 40 mbgl były widziane w wyłączonych mocowaniach na placu Niwai. Poziom płytkiej wody poniżej 5 m bgl został odnotowany w częściach Malpura, Tonk, Todaraisingh i Deoli. Prawdziwy kawałek lokalu ma poziom wody pomiędzy 5 co więcej, 20 mbgl.

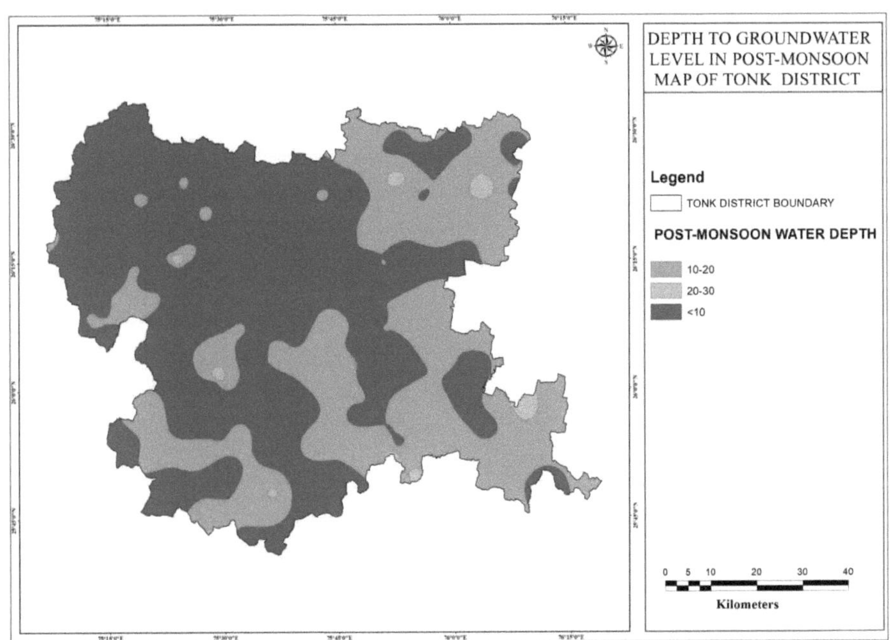

Rysunek 5.11: Mapa pokryzysowa okręgu Tonk

5.12. Tworzenie mapy bazowej

Przewodnik bazowy implikuje wiele rzeczy wielu osobom, jednak w odniesieniu do GIS i mapowania, najbardziej zgadza się, że zawiera on informacje, które wspierają znaczną część map tworzonych przez dane stowarzyszenie. Z punktu widzenia zarządu, przewodnik bazowy powinien wzmacniać procesy pracy produkcyjnej wewnątrz stowarzyszenia, ponieważ starają się one dostarczyć swoje pozycje, a w ten sposób "przyzwoitość" mapy bazowej jest pokazana przez ilość pozycji wykorzystujących jej informacje. Dzięki temu świetne mapy bazowe są odpowiednio bogate edukacyjnie i aktualne. "Właściwie" oznacza tutaj standard informacyjnej ekstrawagancji, a gotówka zależy od życzeń klienta w odniesieniu do pozycji, które wzmocni konkretna prowadnica podstawy. Mapy są portretem najważniejszych wydarzeń na zewnątrz Ziemi, przyciągniętych do skali.

Przewodnik topograficzny pokazuje fizyczne wyróżniki regionu pod względem wielkości, kształtu, pozycji, a także ich wzajemnych relacji. Podstawowy przewodnik jest najbardziej znaczący dla wieku map topograficznych i tematycznych, który pokazuje wszystkie najważniejsze punkty, na przykład systemy uliczne, tory kolejowe, zbiorniki wodne, osady, rowy itp. Które są przedstawione z toposheetsów, a ostatni przewodnik podstawowy jest odczytywany.

5.12.1. Mapa sieci transportowej: Sieć transportowa przejmuje znaczącą rolę w ogólnej poprawie sytuacji lokalnej/regionalnej. Otwartość ulic i kolei ma fundamentalne znaczenie dla społecznej i pouczającej poprawy, innej niż rozwój finansowy dzielnicy. Mapa rozmieszczenia ulic została wykorzystana do wyboru najbardziej ograniczonego kursu transportu odpadów od miejsca pełnoletniej eksploatacji do

Ostatnia strona transferu. Dwie godne uwagi klasy transportu organizują w szczególności; ulice i linie kolejowe zostały oddzielone od górnych arkuszy i symboliki satelitarnej.

Dane wejściowe:-

- Toposheety badań ankietowych w Indiach w skali 1:50000.
- Mapy z Departamentu Transportu Państwowego.
- Zdjęcia satelitarne LISS-III.

5.12.1.1. DROGA

Ulica to aleja, kurs lub ścieżka na lądzie pomiędzy dwoma miejscami, które zostały oczyszczone lub ogólnie ulepszone, aby umożliwić podróżowanie pieszo lub jakiś rodzaj transportu, w tym pojazd silnikowy, ciężarówka, rower lub rumak.

Tabela 5.6: Klasyfikacja dróg w okręgu Tonk.

SL.N	KLASYFIKACJA DROGOWA	NAZWA DROGI	DŁUGOŚĆ (km)
1	Autostrady krajowe	NH-11A, NH-12, NH-116.	188.9601
2	Autostrady stanowe	SH-1, SH-12, SH-29, SH-34, SH-26, SH-37A.	2345.662
3	Inne drogi	MDR-1, MDR-52, MDR-81, MDR-6, MDR-73, MDR-7, DROGA WIEJSKA.	256.6285

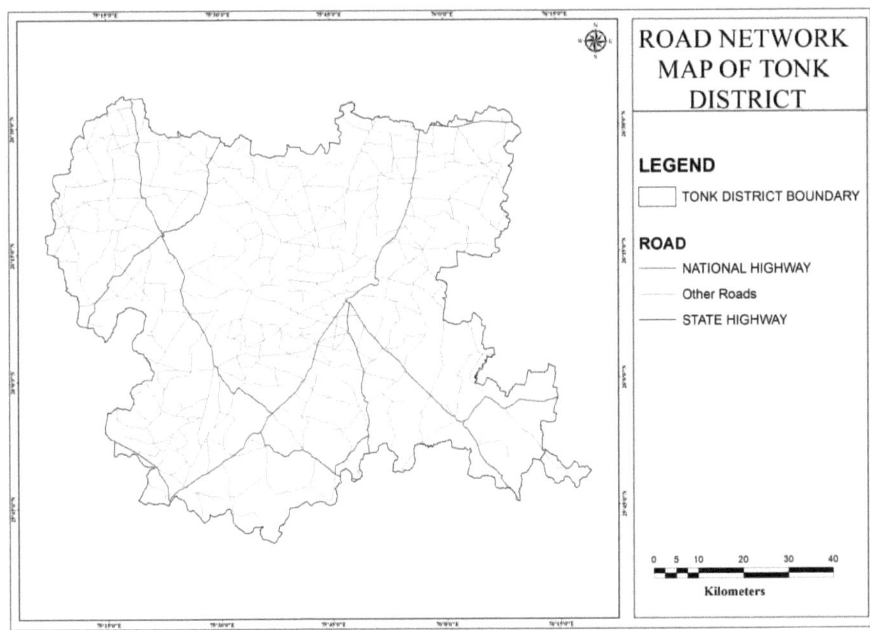

Rysunek 5.12: Mapa drogowa okręgu Tonk

5.12.1.2. SIEĆ KOLEJOWA

Najbliższa stacja kolejowa znajduje się w Banasthali-Newai (35 km) i na stacji Jaipur (96 km). Pociągi ekspresowe jeżdżą po tym kursie cały czas, co sprawia, że dla podróżnych korzystne jest osiągnięcie tego miejsca.

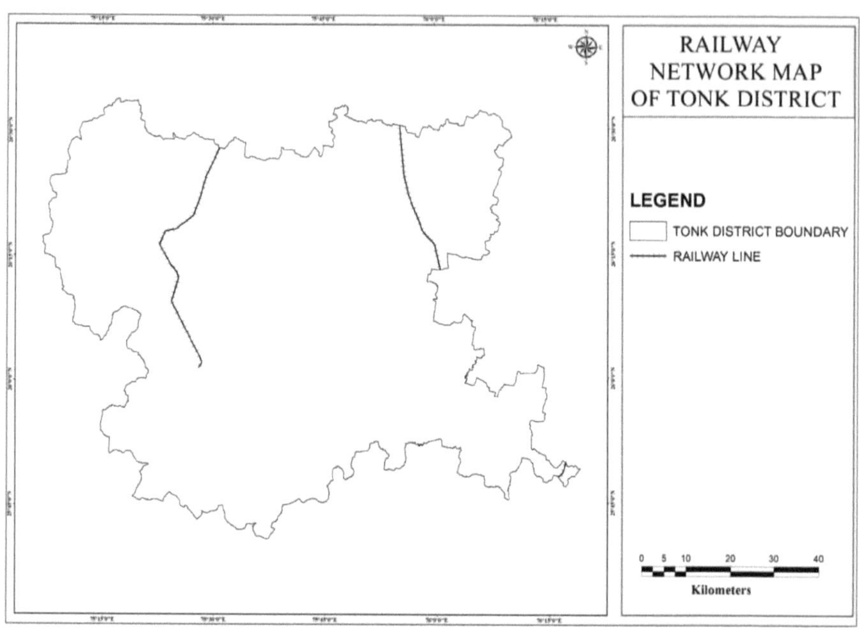

Rysunek 5.13: Mapa kolejowa okręgu Tonk

5.12.1.3. Odwadnianie

Obszar ten jest uszczuplony przez potok Banas i jego dopływy. Strumień Banas wpada do obszaru Tonk w Negaria w Deoli tehsil, skąd biegnie kursem wężowym, dzieląc region na około dwa odcinki; 66% regionu opada na północ, a 33% na południe, aż do momentu opuszczenia obszaru w Sureli w pobliżu stacji Barawara. Biegnie on przez około 135 km w okolicy. Jest to większa część na kilometr szerokości i raz na jakiś czas pracuje w głębokim na 9 m kanale. To jest całkiem trwałe. Ponadto buduje ona dendrytyczny przykład, obramowuje głęboki kanion w Rajmahal. Jego lewy brzeg jest stabilny i szorstki, podczas gdy bank przywilejów jest zabezpieczony przez aluvium. Mashi i Sohadra są prawdziwymi dopływami Banas w tym rejonie. Oba mają charakter przemijający. Sohadra jest uważana za znaczący strumień tego obszaru, ponieważ podtrzymuje zbiornik Tordi Sagar, który jest jednym z największych zbiorników systemu wodnego w Radżastanie.

W celu ustawienia mapy przesączania, kanały strumieni, szlaki wodne i dopływy są wyprowadzane z arkuszy górnych i czytany jest ostatni przewodnik przesączania.

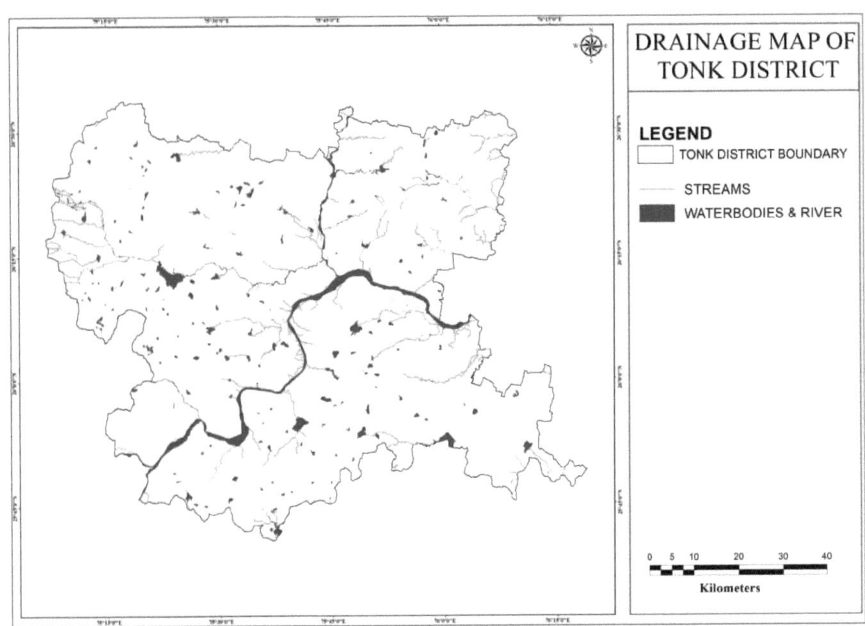

Rysunek 5.14: Mapa drenażu Okręgu Tonk

5.12.1.4. ANALIE BUFFERALNE

Strefy poduszkowe służą do sporządzania map równoległych, a następnie przemianowane są na dwie klasy, w szczególności klasę zerową (dla regionu nieracjonalnego) i jedną (dla odpowiedniej strefy). Urządzenia GIS zostały wykorzystane do tworzenia stref poduszkowych odnoszących się do wyraźnych kryteriów dla dróg, kolei, akwenów wodnych i osadnictwa miejskiego. Wsparcie to zostało udzielone z uwzględnieniem dostępności, kosztów transportu, troski o środowisko naturalne i w oderwaniu od aglomeracji miejskiej. Do tych poduszek dołączono obszar, na którym skierowano badania, ponieważ kryteria różnią się w zależności od tego, czy chodzi o zwykłą lokalizację, czy o dzielnice podniesione. Wsparcie wykonane dla ulicy, co więcej, szyny do prostoliniowości dostępu do strony transferu. Podobnie jak w przypadku zbiorników wodnych, kołyska wykonana w celu przewidywania ekologicznych zanieczyszczeń pochodzących z filtrowania. Okolica w miarę możliwości pozwala na zwykły i prosty transport odpadów aż do miejsca ich powstawania.

Tabela 5.7: Kryteria lokalizacji odpowiedniego miejsca na składowanie odpadów.

S.Nie	KRYTERIA	KRYTERIA PUBLICZNE	STREFA BUFFERU
1	Kryteria techniczne	Droga	50,100,150,200
		Kolej	50,100,150,200
		Stok	0,13,69,138
		Obszar podmokły	50,100,150,200
2	Ograniczenie środowiskowe	Las chroniony	Ograniczone
		Cropland	Ograniczone
3	Społeczny	Użytkowanie terenu Pokrycie terenu	Przyszłe wykorzystanie dynamiki miast zmienia się

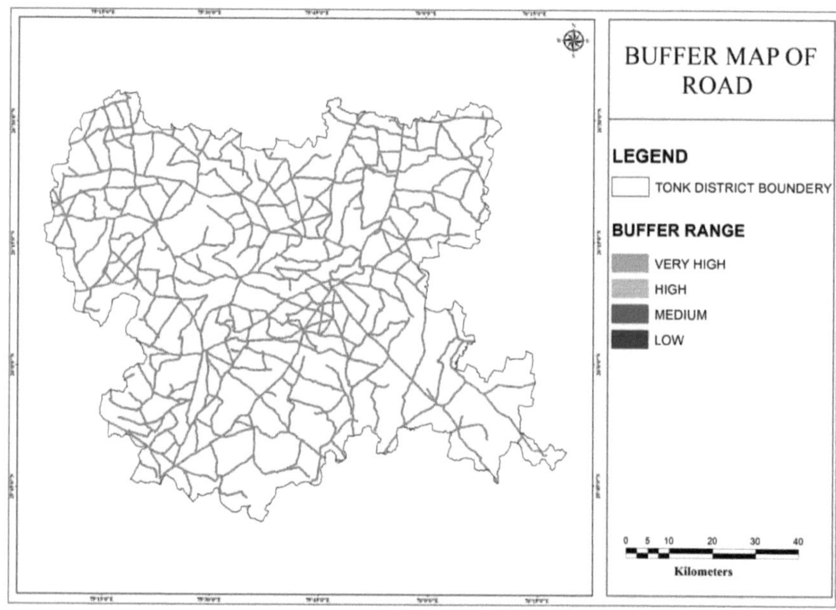

Rysunek 5.15: Mapa buforów drogowych w dzielnicy Tonk

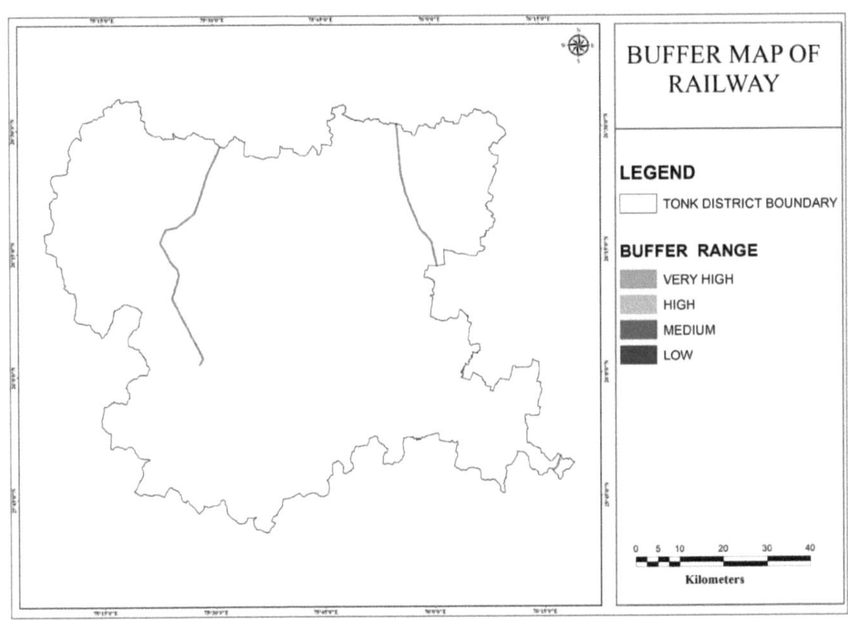

Rysunek 5.16: Mapa kolei buforowej w rejonie Tonk

Niezbędne (sparowane) mapy są wykorzystywane do rozpoznania między przyczynami, które są uzasadnione lub ograniczone dla transferu strony. Mapy imperatywne zostały dostarczone poprzez konsolidację poszczególnych tematów, zawierających tak jak dwie klasy, z którymi rozmawiały 1s (dla ziemi rozsądnej), co więcej 0s (dla ziemi niezadowalającej). Wybór rozsądnej lokalizacji w odniesieniu do ulicy, sieci kolejowej lub zbiorników wodnych zależał od przyjętych kryteriów. Wybór miejsca w pobliżu ulicy lub systemu kolejowego przyczyniłby się do zmniejszenia kosztów związanych z transportem i dostępem do miejsca. W tym celu zmieniono nazwy znaczących ulic i linii kolejowych, aby zapewnić, że miejsce nie znajdzie się bezpośrednio na ulicy. W ten sposób system drogowo-kolejowy otrzymał 0 szacunek, a każdy inny obszar otrzymał 1. Mapy wymagań dla systemu drogowego i kolejowego. Warstwy wód powierzchniowych (cieki wodne, strumienie, strefa podmokła i sztuczne zbiorniki wodne, takie jak jeziora) zostały opracowane w taki sposób, aby stworzyć mapę ograniczenia wód powierzchniowych, jak pokazano na Rys. 6 ze strefą kołyski wokół, ponieważ nie były one atrakcyjną dzielnicą do montażu przyległego transferu. Wynikało to z prawdopodobieństwa przedostania się zanieczyszczeń ze składowiska odpadów do wód gruntowych i nasycenia dróg wodnych i strumieni. Było to zbyt zasadnicze ze względu na obawy natury, gdzie pożądany byłby obszar bardziej oddalony od źródła wód powierzchniowych. Ostatni przewodnik po wymaganiach został wykonany z wykorzystaniem nakładek z mapami ograniczającymi ulice, szyny i akweny wodne. Ostatni przewodnik po wymogach określił rozsądne i ograniczone terytoria, na których można dokonać oceny odpowiedniego miejsca na przekazanie metropolitarnych silnych marnotrawstw.

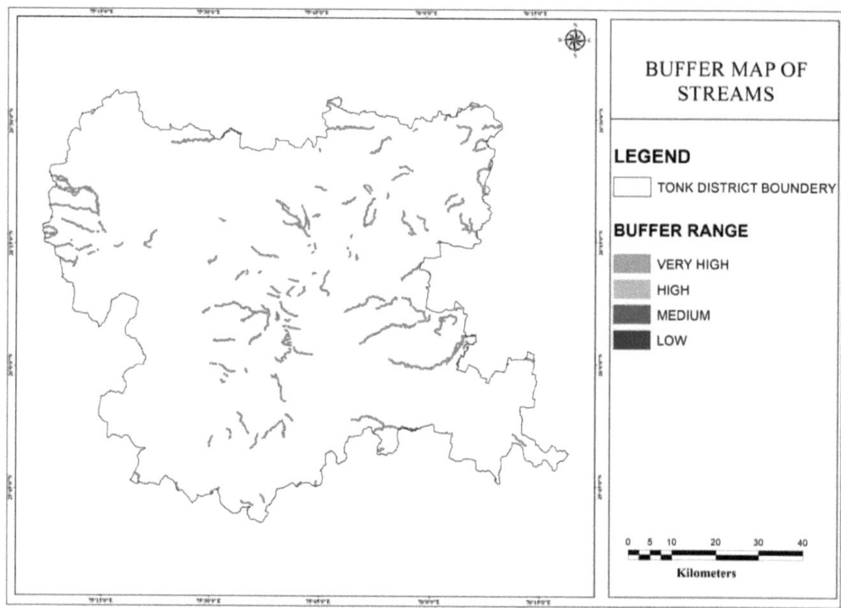

Rysunek 5.17: Mapa bufora strumieni w okręgu Tonk

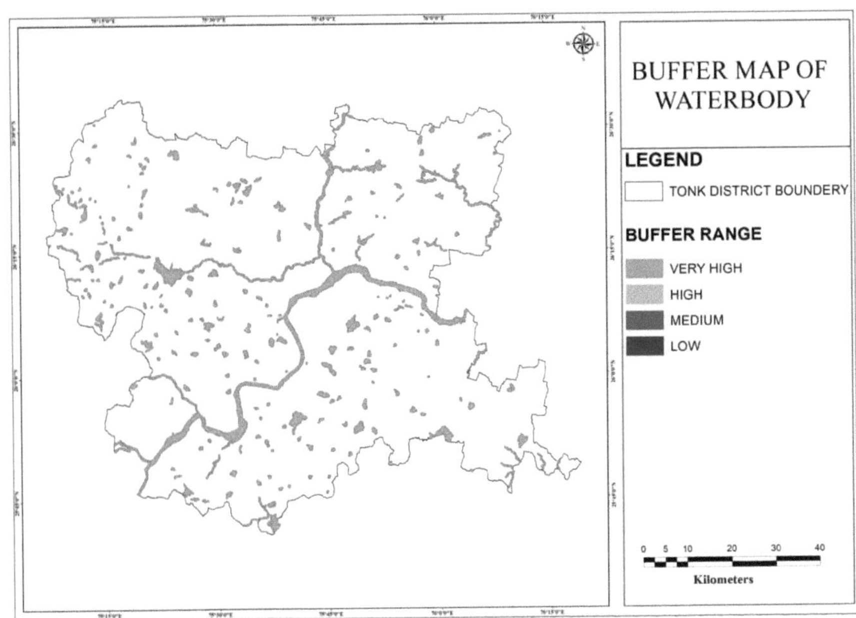

Rysunek 5.18: Mapa buforowa zbiornika wodnego w rejonie Tonk

5.13. Ostateczna mapa przydatności obiektu

Ostatni przewodnik odpowiedniości został stworzony poprzez nałożenie ostatniej mapy ograniczeń i ostatniej mapy współczynników. Metodologia ta polegała na wyodrębnieniu obszarów, które mogą stwarzać idealne warunki do przekazywania marnotrawców. Przyjęte kryteria związane były z informacją przestrzenną wykorzystującą możliwości buforowania wewnątrz GIS oraz prowadzenia nakładek i przejść w celu stworzenia kompozytowej mapy odpowiedniości terenu. Przedstawione są najlepsze miejsca docelowe dla składowisk odpadów, gdzie klasy występują jako kąt odpowiedni od zdumiewająco ograniczonego do bardzo odpowiedniego miejsca. Strefy zamknięte pokazały się w czerwonym cieniu, gdzie składowiska odpadów były biologicznie niepraktyczne, co więcej, finansowo niepraktyczne. W różnych odcieniach mówiono o wyjątkowych stopniach racjonalności.

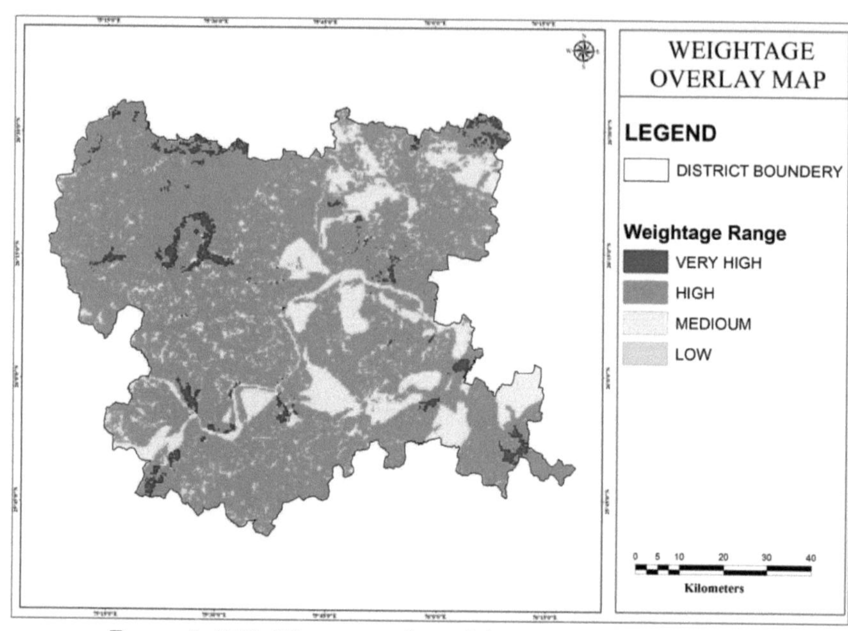

Rysunek 5.19: Mapa przydatności terenu w okręgu Tonk

Tabela 5.9: Kryteria odległości i przydział punktów w celu zlokalizowania odpowiedniego miejsca.

SL. NIE.	Parametr	Klasy	Ranking	Waga (%)
1	ZAGOSPODAROWANIE TERENU / POKRYCIE TERENU	Plantacja rolna Ogółem	1	20
		Jałowa skała Ogółem	2	
		Kanał Razem	1	
		Główne miasto Ogółem	1	
		Grunty uprawne Ogółem	1	
		Lasy ogółem	1	
		Plantacja leśna Ogółem	1	
		Gullied / ravenous Razem	3	
		Hamlety i rozproszone gospodarstwo domowe Razem	4	
		Jeziora / Stawy Ogółem	1	
		Górnictwo / przemysł Razem	1	
		Peri urban Razem	3	
		Zbiornik / Zbiorniki Ogółem	1	
		Rzeka / strumień / odpływ Razem	1	
		Ziemia zaroślowa Gęsta Łącznie	3	
		Grunty szorstkie Otwarte Ogółem	4	
		Transport Łącznie	2	
		Wioska Ogółem	2	
		Podmokłe Ogółem	1	
2	GEOLOGIA	Aluvium i piasek dmuchany przez wiatr Razem	1	15
		Grupa Hindoli Ogółem	3	
		Jahazpur Granit Ogółem	4	
		Grupa Jahazpur Ogółem	4	
		Skały mafijne Razem	2	
		Kompleks Mangalwaru Ogółem	4	
		Kompleks piaskowo - matowy Ogółem	3	
3	GEOMORPHOLOGIA	Nizina Aluwialna Ogółem	1	15
		Pogrzebany Pediment Ogółem	3	
		Pediment Ogółem	3	
		Ravine Razem	2	
		Rzeka/Pond/Zbiornik Łącznie	4	
		Sandy Plain Razem	3	
		Strukturalne/Liniowe/Denudacyjne Razem	2	
		Wypełnienie doliny Razem	2	
		Obszar podmokły Łącznie	4	
4	SOIL	Alfisols Razem	4	10

		Entizole Ogółem	2	
		Inceptisols Razem	3	
		Vertisols Razem	1	
5	AQUIFAR	Gneiss Razem	4	10
		Hills Razem	3	
		Starsze Aluvium Ogółem	1	
		Schist Razem	2	
6	WATERBODY	0-50	1	15
		50-100	2	
		100-150	3	
		150-200	4	
7	DROGA	0-50	1	5
		50-100	2	
		100-150	3	
		150-200	4	
8	RAILWAY	0-50	1	10
		50-100	2	
		100-150	3	
		150-200	4	

ROZDZIAŁ 6

6. Wniosek

Z badania wynika, że podejście geoprzestrzenne jest dobrze stosowane do badań alternatywnych i łatwe do poznania, a także pokazuje, że obszary są bardziej lub mniej odpowiednie do wyboru składowiska odpadów. Kryteria zastosowane w tym badaniu nie są stałe, ponieważ będą się one różnić w zależności od miejsca i w związku z tym kryteria te mogą zostać zmienione. Poza tym, metodologia ent sprawi, że przypadek uczenia się Associateinrsingd leadso stanie się po prostu niezrozumiały. Asortyment GIS o wysokiej rozdzielczości obrazowania rytuałów restrykcyjnych, który pomaga w prawidłowej klasyfikacji zagłębień lądowych, został z powodzeniem przyjęty w ramach niniejszego badania. Podejście i wyniki mapy jakości będą pomocne w zarządzaniu odpadami stałymi przez władze miejskie. Podejście geoprzestrzenne niewątpliwie poprawia rozwijające się środowisko miejskie. Dlatego też zastosowanie podejścia geoprzestrzennego do wyboru składowisk odpadów może być narzędziem efektywnym kosztowo i oszczędzającym czas w porównaniu z tradycyjnymi strategiami w nadchodzących latach.

Biblografia

Akbari, V., Rajabi, M. A., Chavoshi, S. H., & Shams, R. (2008). Wybór składowiska odpadów poprzez połączenie GIS i rozmytej analizy wielu kryteriów decyzyjnych, studium przypadku: Bandar Abbas, Iran. World Applied Sciences, 3(1), 39-47.

Alam R., Chowdhury M.A.I., Hasan G.M.J, Karanjit B. & Shrestha L.R. (2008).Wytwarzanie, składowanie, zbiórka i transport komunalnych odpadów stałych - studium przypadku w mieście Kathmandu, stolicy Nepalu. Gospodarka odpadami, 28, 1088- 1097.

Alfi Z.E., Elhadary R. i Elashry A. (2010). Integracja GIS i MCDM w celu zajęcia się wyborem składowisk odpadów. International Journal of Engineering & Technology, 10(6), 32-42.

Altaf, M. A. i Deshazo J. R. (1996). Zapotrzebowanie gospodarstw domowych na lepszą gospodarkę odpadami stałymi: Studium przypadku Gujranwala. Pakistan. World Development, 24(5), 857- 868.

Amin, A.T.M.N. (2005). Zmiany w praktykach związanych z recyklingiem i kompostowaniem odpadów. Paper read to International Conference on Integrated Solid Waste Management in Southeast Asian Cities at Seam Reap, Cambodia in 5-7 July 2005.Ansari A.S. (2006). Najlepsze praktyki w gospodarce odpadami stałymi: studium przypadku Suryapet. Nagarlok, Tom 38, nr 4, 12-20.

Anwer S.M. (2004). Gospodarka odpadami stałymi i GIS sprawa z obszaru Kalabagan w mieście Dhaka, Bangladesz. http://www.sma-bd.com/swm%20and%20gis.htm.

Babu, S. S., i Sivasankar, S. Gis i teledetekcja w utylizacji i zarządzaniu odpadami komunalnymi `: A Case Study of Usilampatti Municipality , India, 1, 1047-1051(2015).

Banar M., Kose B.M., Ozkan A. & Acar I.P. (2007). Wybór komunalnego składowiska odpadów w procesie sieci analitycznej. Geologia środowiska, 52, 747-751.

Banerjee J. Bhargava R. Garg P.K. & Singhal D.C. (2002). Wybór miejsca składowania odpadów w środowisku GIS. GIS Indie, styczeń 2002, 12-15.

Basnet B. B., Apan A.A. i Raine S.R. (2001). Wybór odpowiednich miejsc do zastosowania odpadów zwierzęcych za pomocą Raster GIS. Zarządzanie środowiskowe, 28 (4), 417-431.

Bhattarai R.C. (2000). Zarządzanie odpadami stałymi i ekonomika recyklingu: Sprawa Kathmandu Metro City. Dziennik ekonomiczny rozwoju Kwestie 1(2), 9-106

Boadi K.O. & Kuitunen M. (2003). Gospodarka odpadami komunalnymi stałymi na obszarze metropolitalnym Accra, Ghana. The Environmentalist, 23, 211-218

Bovea M.D. & Powell J.C. (2006). Scenariusze alternatywne mające na celu sprostanie wymogom zrównoważonej gospodarki odpadami. Journal of Environmental Management, 79, 115-132.

Casares M.L., Ulierte N., Matara´n A., Ramos A. & Zamorano M. (2005). Stałe odpady przemysłowe i zarządzanie nimi w Asegrze (Granada, Hiszpania). Gospodarka odpadami, 25.1075-1082. Choudhary B.K. (2007). Zarządzanie odpadami stałymi w Delhi: krytyczna ocena roli organów miejskich. National Geographical Journal of India, Vol. 53, 73-94.

Kredki, C., i Lasaridi, K. Optymalizacja komunalnej zbiórki odpadów stałych przy użyciu Gis. Energy, Environment, Ecosystems, Development And Landscape Architecture, (January), 45-50 (2009).

Council, E., Directive, E. U., And Directive, W. F. Municipal Solid Waste Management, 29-53 (2008).

Daskalopoulos E., Badr O. & Probert S.D. (1998). Zintegrowane podejście do gospodarki komunalnymi odpadami stałymi. Resources, Conservation and Recycling, 24, 33-50.

Deswal, M., i Laura, J. S. Application of Gis in Msw Management in India. International Journal of Engineering Research and Development, (10), 24-32 (2014).

Wydział T. Norweskiej Akademii Nauk i Technologii Wydział Nauk Społecznych i Edukacyjnych Wydział Geografii, (maj) (2018).

Jain, A. Gospodarowanie odpadami stałymi miasta Jaipur złożone w częściowej realizacji wymogu uzyskania stopnia do, (wrzesień) (2018).

Leifchild, J.R. The Town of Looe. Cornwall, Its Mines And Miners, 9-11 (2019).

Meena, R. S., Environmental Accounting for Municipal Solid Waste Management - A Case Study of Udaipur City (Radżastan) in the Faculty of Earth Science By Faculty of Earth Science. (2016).

Mishra DD, Energy, Environment, Ecology & Society, S.Chand & Company Ltd, Indie, s. 216.

Pandey, P.C., Sharma, L.K., i Nathawat, M.S., Geospatial Strategy for Sustainable Management of Municipal Solid Waste For Growing Urban Environment. Monitoring i ocena stanu środowiska, 184(4), 2419-2431,(2012).

Poorna, A., i G, V. P. Wybór miejsca składowania odpadów stałych poprzez analizę danych za pomocą dżetów i narzędzi do zdalnego wykrywania: Studium przypadku w Thiruvananthapuram Corporation Area. International Journal of Geomatics And Geosciences, 6(4),(2016).

Singh JS, Singh SP, Gupta SR Ecology Environmental science and conservation, Biology, S. Chand & Company Pvt Ltd, Indie, (2015).

Subbarao S, Human Ecology- Issues & Challenges, publikacje Rajat New Delhi, Indie.

Suresh, V. M., Kumaran, T. V., Sarkar, P., Link, T., And Delhi, N. Solid Waste Management In Delhi - A Social, 451-464. (2003).

Ullah, K. M., And Science, E. Urban Land-Use Planning Using Geographical Information System and Analytical Hierarchy Process `: Studium przypadku Dhaka City, (35), (2014).

Printed by Books on Demand GmbH, Norderstedt / Germany